DESCRIPTION
DU
SEMOIR-A-BRAS
DE LANGUEDOC,

Avec les figures néceſſaires pour pouvoir l'imiter.

ÉDITION GRATUITE.

Par l'Abbé SOUMILLE, Correſpondant des Académies Royales des Sciences de Paris & de Toulouſe : Aſſocié libre de la Société Royale d'Agriculture de Limoges.

... Et aliud (ſemen) cecidit ſecùs viam... & volucres Cœli comederunt illud ; & aliud cecidit ſuprà petram : & natum aruit, quia non habebat humorem. Luc. VIII. 5 & 6.

A AVIGNON,

Chez JACQUES GARRIGAN, Imprimeur-Libraire, Place Saint Didier 1762.

AVIS AU LECTEUR.

CET *Opuscule que nous donnons au Public dans la rigueur des termes, n'offre que le pur nécessaire tant du côté de la Typographie que de celui de la gravure. Des Planches en Taille-douce, de plus gros caractères, un format plus regulier, eussent produit un volume également contraire aux interêts de ceux qui doivent le recevoir par la Poste & à l'économie de l'édition. Le premier objet de notre zele regarde directement l'instruction pratique de ceux qui nous font l'honneur d'acquérir notre Semoir, afin que rien ne puisse les embarrasser dans l'usage qu'ils doivent en faire, & le second tend à satisfaire la curiosité des Amateurs éloignés, qui ne peuvent pas se procurer cet instrument au même prix que nos voisins. Les premiers n'auront rien à faire pour avoir ce petit cahier : Nous en mettons constamment un exemplaire dans le grainier du Semoir; il n'en coûtera aux seconds que le port de la lettre affranchie qu'ils nous écriront & celui du Mémoire au retour. Trop heureux que les foibles efforts de notre bonne volonté puissent contribuer pour quelque chose au bien de l'agriculture, nous verrons épuiser cette Édition Gratuite avec autant de plaisir que si elle se vendoit au poids de l'or.*

MÉMOIRE

Sur un Semoir-à-Bras *pour ensemencer les terres difficiles, montueuses ou complantées d'Arbres, présenté par l'Abbé Soumille aux Etats de Languedoc le 21 Decembre 1760.*

NOSSEIGNEURS,

NOus ne croirions pas avoir rempli notre objet, si, ayant imaginé une Machine utile pour l'Agriculture, nous ne la mettions pas à la portée de tout le monde, tant par la *modicité* du prix que par la *simplicité* des opérations. On a senti de tout tems combien étoit ruïneuse la Méthode ordinaire d'ensemencer les terres en y jettant les grains à pleine-main. Le peu de proportion qui se trouve entre la Semence & le produit, faisoit assez connoître qu'il s'en consumoit les *deux-tiers* en pure perte. Nos Peres ont connu le mal & l'ont supporté patiemment, croyant le remède impossible. Il étoit réservé à la gloire d'un Citoyen aussi profond que zélé, de porter le premier coup au préjugé vulgaire qui captivoit la Nation. Mr. *Duhamel du Monceau*, cet homme immortel, dont les titres & les talens sont connus de tout le monde, a le premier entrepris d'établir en France une Méthode nouvelle de *cultiver* & de *semer*, dont il avoit puisé l'idée chez nos voisins, mais qu'il a sçû se rendre propre par ce qu'il y a mis du sien. Beaucoup d'Amateurs distingués sont entrés dans les vûës économiques de cet Académicien & l'on a vû paroître dans l'intervalle de neuf à dix ans cinq à six *Semoirs* de différentes formes ; qui tous ont leurs avantages & leurs défauts particuliers.

Le défaut qui paroît le plus nuisible dans la plûpart de ces machines, vient de ce que leurs Auteurs semblent moins avoir visé à l'économie des grains qu'à la célérité de l'ouvrage. Faire avec un seul attelage cinq ou six sillons à la fois & couvrir *en un jour* autant d'étendue de terrein qu'un autre en couvriroit dans *une semaine*, est un prodige d'Agriculture qui saisit au premier aspect : mais quand on refléchit qu'une seule bête ne peut pas faire l'ouvrage de six en remplissant les mêmes conditions, on est forcé de conclure que tant de socs multipliés dans une même charruë ne font qu'éffleurer la terre, couvrir le grain superficiellement & le laisser exposé à tous les accidens de la Méthode vulgaire.

Occupé de cette refléxion & brulant d'envie de devenir utile à une Province que la reconnoissance doit nous rendre chere, nous conçumes le dessein d'un Semoir dont la propriété distinctive seroit de faire PEU ET BIEN, c'est-à-dire, ni plus ni moins d'ouvrage qu'une charruë ordinaire dont nous nous proposions de conserver la forme & la maniere d'opérer, pour pouvoir l'employer dans toute sorte de fonds. Nous communiquâmes ces idées tant à M. le Vi-Comte *de St. Priest* Intendant de Languedoc, qu'à Mr. *de Montferrier* Syndic général de la Province, & c'ést à leurs encouragemens que nous devons nos premiers succès.

Tel étoit cet instrument sous sa premiere forme, lorsque l'Assemblée nous fit la grace de l'approuver par sa délibération du 31 Janvier 1758. les épreuves qui en furent faites cette même année & la suivante tant à Montferrier qu'à Toulouse, &c. donnerent d'abord les plus grandes espérances. Cependant cette Machine dans sa nouveauté, étoit trop composée, trop chere par conséquent & difficile à mener : elle coûtoit 120 livres.

Des Observateurs intelligens nous ayant fait part de leurs idées de correction, nous les mîmes à profit : celle, entre autres, de Mr. *de Garripui* Directeur des travaux publics, nous a servi de guide dans l'utile réforme de 1759. le prix du Semoir corrigé a été reduit à 78 livres.

Mais depuis que le bénéfice de la nouvelle Méthode est bien constaté, plusieurs personnes de distinction nous ont fait entrevoir combien cet instrument seroit plus avantageux si l'on pouvoit en faire usage 1°. dans toutes les terres en pente, 2°. dans celles qui sont complantées d'arbres. 3°. dans les petites possessions de certains particuliers qui n'ont pas les moyens d'acquerir cette Machine, ce qui comprend un bon tiers des terres labourables de la Province.

Description du Semoir-à-bras.

Cette nouvelle production, que nous mettons sous les yeux de cette Auguste Assemblée, consiste en une seule roue de fer de 33 pouces de diamétre, très-légère & très-solide, dont le moyeu qui est de bois, sert en même-tems de cylindre pour la distribution du bled. Il y a ici comme au grand, même nombre de cellules & la même méchanique. Ce cylindre est recouvert d'une petite boîte de quatre piéces de rapport, dont la partie supérieure contient quelques livres de bled qu'on a soin de renouveller, & la partie basse est terminée par un tuyau de métal qui jette le grain au fond du sillon. Il y a aussi une poche pour recevoir le grain qui tomberoit mal-à propos quand on tourne au bout du Champ.

Finalement la monture de cette roue consiste en deux bras de bois de quatre pieds de long, assemblés par des traverses fixes à l'*instar* d'une petite brouette. Le tout ensemble ne pese pas cinquante livres. Ce Semoir est totalement isolé & indépendant de la charrue. Une femme, une fille, un enfant de 15 ans précéde le Laboureur en poussant la petite brouette devant soi dans le sillon, le bled tombe dans la proportion convenable & la charruë qui suit, le couvre dans l'instant.

Vos précédens Ordres, NOSSEIGNEURS, de mettre notre Semoir au plus bas prix possible pour l'utilité du public, n'ont rien perdu de leurs droits à l'occasion de celui-ci, que nous croyons pouvoir donner pour 36 livres; c'est-à-dire, qu'on le gagnera communément en économie de semence dans les quatre ou cinq premiers jours de travail : puisqu'il est prouvé par notre Semoir précédent qu'on en épargne pour la valeur d'une pistole par jour. Qu'on nous permette de citer en preuve l'expérience faite en grand par Mr. *Fesquet* Conseiller en la Cour des Aides, qui persuadé, convaincu-même des avantages de notre Méthode, a fait semer à deux pas de la Ville pendant 18 jours avec un de nos Semoirs précédens, & a économisé 20 setiers de semence évalués à 200. livres. Le bled, qui a parfaitement levé, annonce les espérances les plus favorables.

Extrait Sommaire du Régistre des délibérations des Gens des trois Etats du Païs de Languedoc assemblés par Mandement du Roi en la Ville de Montpellier au mois de novembre 1760.

En la Séance du mercredi vingt-quatre décembre, présidant MONSEIGNEUR l'Archevêque & Primat de Narbonne, Président-né des Etats, Grand Aumônier de France, Commandeur de l'Ordre du Saint Esprit, &c.

AU rapport de Monseigneur l'*Archevêque d'Alby*, il est dit, que Mr. de Montferrier à rendu Compte à la commission de la suite des expériences faites dans ses terres avec le Semoir inventé & corrigé par l'Abbé

Soumille & notamment de celle du mois d'octobre 1759, où ayant pris deux planches d'un champ égales & contiguës de 66 toises de longueur sur 18 de large, il entra dans l'une 77 livres de semence avec le Semoir & dans l'autre 236 livres suivant la Méthode ordinaire: que la récolte provenue de la premiere partie a donné 1221 livres de bled & l'autre 1160. d'où il résulte 1°. que la semence faite avec la Machine a produit *quinze pour un* & quelque chose de plus, tandis que l'autre n'a donné qu'un peu plus de *quatre pour un*. 2°. Que le même espace peut être semé avec deux tiers de moins de semence & produire autant & même plus que la méthode ordinaire. 3°. Que cette expérience confirme les précédentes & semble ne laisser plus de doute sur les avantages de la nouvelle méthode; avantages qu'on trouve également sur le produit de la paille, les deux parties ayant été trouvées égales pour la quantité & celle du Semoir beaucoup mieux nourrie que l'autre.

Que la commission a vû ensuite un nouveau Semoir-à-bras qui lui a été présenté par le même Abbé Soumille comme très-propre à suppléer au premier, sur-tout dans les terres inégales, montueuses & complantées d'arbres & dont on peut faire également usage dans toute sorte de terreins.

Que cette nouvelle Machine qui peut être aisément conduite par un petit Garçon, a les mêmes avantages que la premiere, en répandant le grain avec la même égalité dans le fond du sillon, où il peut être recouvert dans l'instant par la charruë ordinaire dans chaque païs & qu'elle en présente de nouveaux en ce qu'elle peut accelerer le travail & que coûtant plus de la moitié moins que la précédente, elle peut plus aisément être achetée par toute sorte de personnes.

Que MM. les Commissaires ayant entendu la lecture d'un Mémoire dudit Abbé Soumille, contenant la des-

Premiere

Planche.

cription & l'usage de ce Semoir & en avoir vû la manœuvre, n'ont pu que donner de justes éloges au zéle & aux talens de cet Ecclésiastique & en rendre un témoignage authentique aux Etats....... *Signé* ROME.

Réfléxions sur les qualités essentielles qui constituent un bon Semoir.

C'Est l'imagination qui est la Mere des découvertes utiles, c'est au tems & à la réfléxion à les perfectionner. Les Machines naissantes sont d'autant plus composées que leurs Auteurs embrassent plus de vûës à la fois ; mais à mesure qu'elles paroissent au grand jour & qu'on peut se familiariser, pour ainsi dire, avec elles, les Connoisseurs & les Auteurs eux-mêmes trouvent des moyens plus abrégés de remplir les mêmes indications. Un Inventeur ne doit donc point rougir de n'avoir pas atteint au but du premier coup : il doit au contraire mettre sa gloire à corriger les imperfections de son ouvrage en travaillant à le simplifier, sans lui rien faire perdre de ses propriétés essentielles.

Comme aujourd'hui chacun se croit inspiré pour faire des Semoirs & qu'on ne craint pas de produire les idées les plus triviales sous prétexte du *bon-marché*, nous croyons faire plaisir au Lecteur d'exposer ici les principales fonctions de ces sortes d'instrumens, dont nous devons la connoissance & l'exécution à une étude réfléchie de cinq années sur le même objet. Nous ne dissimulerons pas que les défauts particuliers que nous avons remarqués dans les Semoirs antérieurs au notre, n'ont pas peu contribué à la perfection de celui-ci.

Premiere Condition. Dans un Semoir bien entendu, la justesse des opérations doit dépandre principalement de sa construction interne & non pas de l'*industrie* ou de l'*attention continuelle* de celui qui le met en œuvre, parce que la plûpart des Gens de la campagne, qui ſont ici les principaux Acteurs, ſont dénués d'induſtrie & incapables d'une attention ſoûtenue.

2e. *Condition.* Il faut que le Laboureur puiſſe à ſon gré donner plus ou moins de ſemence ſelon la connoiſſance qu'il a de la portée de chaque fond. Cette propriété ne peut ſe rencontrer que d'une maniere très-imparfaite dans les *Semoirs à tambour*, d'où le grain ne peut ſe répandre qu'en paſſant à travers d'un certain nombre d'ouvertures; parce que ſi ces ouvertures ſont *petites*, le bled ne coulera qu'à proportion des ſecouſſes plus ou moins fortes, plus ou moins fréquentes de la Machine; ſi elles ſont *grandes*, outre qu'il paſſera pluſieurs grains à la fois contre la bonne diſtribution, le coulage ne s'arrétera pas lorſque le Semoir ſera en repos; & enfin ſi ces ouvertures peuvent être *aggrandies* & *rétrecies* au moyen d'une ſoupape, l'inconvenient ſera pire; car lorſque ces ouvertures (quarrées ou circulaires) n'auront de diamétre que la groſſeur d'un grain, il n'en tombera point; ſi l'on leur donne le diamétre de deux grains, il en pourra paſſer quatre à la fois, & ſi le diamétre eſt pour trois grains; il en pourra paſſer 9. Quelle préciſion peut-on attendre d'un moyen ſi défectueux!

3e. *Condition.* La diſtribution du bled doit toujours être rélative à l'eſpace parcouru par le Semoir. Il faut donc une meſure invariable & qui agiſſe d'elle-même, & nous la trouvons dans la rouë qui tourne à terre dans le ſillon, laquelle eſt une véritable meſure invariable de *cent pouces*, qui ſe repette ſans ceſſe & qui fait tomber à chaque révolution une égale quantité de grains. Il ne faut aucune attention ici de la part de la Semeuſe; la rouë qui meſure la terre & le moyeu qui fait partir le grain, acheveront toujours tous deux leurs révolutions en même-tems. Marchez lentement ou doublez le pas, la même choſe arrivera toujours & de la même maniere sans que vous y pensiez. Est-il possible qu'on puisse jamais produire le même effet sans le secours d'une rouë ? Quelle idée devons-nous donc avoir de ces *inventions puerilles*, de ces *entonnoirs*, de ces *boîtes* quarrées ou rondes qu'on veut mettre à la main d'une personne pour s'en servir en maniere d'*arosoirs* pour répandre le bled dans le sillon ? Cela ne coûte, dit-on, que quelques sols ; d'accord, mais cette Méthode seroit beaucoup plus vicieuse que l'ancienne que nous tâchons d'abolir. Le regne du hazard, en fait de semailles, n'a été que trop long ; il doit enfin céder à la Méthode économique des Semoirs bien conditionnés.

4e. *Condition*. Outre que le bled doit couler en proportion exacte de la marche du Semoir, il faut encore qu'il *cesse de couler* au même instant que le Semoir s'arrête, & que le coulage *recommence* au premier mouvement du Semoir. C'est bien ici que les semoirs à tambour & à soupapes sont en défaut. Tout le monde sait qu'un attelage ne va pas toujours : les bêtes s'arrêtent souvent ou de lassitude, ou pour des besoins, ou à la voix du Laboureur. Imaginons une chose trop probable pour être contestée, je veux dire que le semoir s'arrêtera quelquefois pendant que les *soupapes seront ouvertes* : il est clair que le bled coulera & fera des tas d'autant plus considérables que le repos du semoir sera plus long.

Allons plus loin & remarquons une autre vice inévitable dans les semoirs à soupapes. Je dis que plus les bêtes vont vîte & moins ces sortes de machines donnent du bled : plus elles vont lentement & plus le bled tombe en abondance, ce qui est directement contraire à la 3e. condition ci-dessus. En effet nous savons qu'il faut un instant sensible au bled pour déterminer le *commencement de sa chûte* parce qu'il n'agit que par son propre poids sans ressort ; au contraire il ne faut point d'instant sensible à une Soupape pour se refermer parce qu'elle est *à ressort*. Ainsi quand la machine ira lentement, les soupapes ouvertes se refermeront lentement & laisseront passer beaucoup de grains ; mais quand la machine ira plus vîte, les soupapes mettront très-peu de tems à se refermer, & le bled qui n'agit pas par ressort ne coulera pas comme il conviendroit. Cela est si vrai, que si la machine alloit d'une certaine rapidité, il n'en tomberoit point du tout, parce que les soupapes seroient aussi-tôt refermées qu'ouvertes, & cela peut arriver cent fois le jour pour une piquure de mouche & pour un coup de fouet du Laboureur.

5e. *Condition*. Comme le plus grand défaut de la méthode vulgaire vient de ce que la plupart des grains demeurent à découvert, qu'une autre partie perit par la sécheresse ou la gelée pour être couverte trop superficiellement, & qu'il n'y a qu'une couverture avantageuse qui puisse mettre les plantes en état de resister également aux gelées d'hyver & aux grandes chaleurs que nous éprouvons en été dans les Provinces méridionales du Royaume, il convient que la construction du semoir n'empêche pas le Laboureur de mettre le grain à une profondeur convenable, ce qui ne peut gueres s'exécuter qu'avec la Charrue ordinaire.

6e. *Condition*. Il faut qu'aucune piéce du Semoir puisse nuire à l'integrité du grain. Un grain écorné tient la place d'un autre & ne peut rien produire. Cette précaution dépend de la maniére dont le bled se présente pour la distribution. S'il vient directement de haut en bas, les Grains se pressent à la sortie par leur propre pesanteur, & les piéces qu'on met en œuvre pour les arrêter peuvent en froisser une partie. Au contraire s'il est présenté de côté, comme dans notre Semoir, il ne se détache de la masse que par sa fluidité, & ne peut souffrir aucun accident.

7e. *Condition.* Il faut un moyen ſimple pour empêcher le grain de tomber à terre pendant que le Laboureur tourne au bout du champ.

AVERTISSEMENT

Pour le prix & les conditions de l'Ouvrage.

Si l'accueil favorable qu'on a fait au Semoir-à-Bras eſt la recompenſe la plus flâtueuſe de notre zèle, nous pouvons dire que ſes progrès mettront le comble à notre ſatisfaction. Nous déſirons ſincérement pour l'utilité du public, que cet inſtrument ſoit bien imité dans toutes les Provinces, afin qu'il ſe répande plus rapidement. Mais en même tems, que n'avons-nous pas à craindre de la trop grande avidité des contrefacteurs? Indifférens ſur le véritable ſort de cette machine, ils n'auront pas le même intérêt que nous d'en ſoûtenir la réputation par la juſteſſe & la ſolidité des piéces. Bientôt les Copies s'écarteront de l'original, parceque les nouveaux conſtructeurs ſe mettront à leur aiſe en y changeant ou ſupprimant ce qui pourroit les embarraſſer, & peut-être aurons-nous le déſagrément de voir que la zizanie étoufera le bon grain.

Cependant pour prévenir le mal autant que nous le pourrons & avoir le tems de donner un certain nombre de bons modelles; outre la modicité du prix que nous regardons comme une excéllente Barriére contre les entrepriſes des Plagiaires, nous nous propoſons encore de mettre une ſorte de marque ſur nos Semoirs, qu'on ne ſçauroit contrefaire ſans être reconnue, & qui ſera pour les acquereurs une reſſource contre les ſurpriſes. Cette marque ſera une ſuite de *Numeros* dont nous tiendrons un regiſtre avec les noms des particuliers, que chacun d'eux pourra conſulter au beſoin dans le cas où un commiſſionnaire ſeroit ſoupçonné d'avoir annoncé, comme venant de nous, un Semoir qui n'en ſeroit pas.

Nosseigneurs les Prélats & autres des Etats, qui les premiers, nous ont honoré de leurs commissions, ne désapprouveront pas que nous les nommions ici suivant la datte de leurs ordres. Notre intention est de rendre hommage à leur zèle pour le bien public & de les proposer pour modéles... *Voyez la Liste plus bas.*

Le prix du Semoir-à Bras est de *trente-six livres* pris à Villeneuve, & *trois livres* d'embalage pour ceux qu'on envoyera un peu loin. Nous n'en ferons jamais construire que *de commande* & sous l'avance de *vingt-quatre livres* au moins. Le Lecteur doit comprendre qu'une entreprise de cette nature, demande des fonds considérables que nous ne pouvons attendre que des particuliers eux-mêmes, puisque tout le profit doit être pour eux. C'est sous nos yeux & pour notre compte à prix de Journée, que se sont faits & que se feront tous les Semoirs qu'on nous commettra: moyen assuré d'arrêter dans les Ouvriers la trop grande envie du gain, qui causeroit bientôt la dégradation de la Machine. Tout le poids de la Construction roule donc uniquement sur nous, & nous le suportons avec joye, trop heureux de pouvoir à ce prix marquer le désintéressement de notre zèle à Nosseigneurs des Etats. Quand on n'a, comme nous, à proposer que des peines sans profit, on chercheroit vainement à former une Société.

Au reste, nous ne saurions trop recommander qu'on s'y prenne de bonne heure pour les Commissions qu'on nous destine. Ce ne peut être que sur leur nombre connu, que nous pouvons prendre les arrangemens convenables pour servir chacun à son tour. Quelque douloureux qu'il puisse être pour nous, de ne pas contenter ceux qui viendront à la veille des Semailles; nous aimerions mieux ne pas les servir du tout, que de les mal servir par trop de précipitation.

EXPLICATION DES FIGURES.

Premiere Planche.

LA premiere figure, qui a déjà paru dans le public, ne nous arrêtera pas long-tems. Elle présente l'*ensemble* du Semoir-à-bras, mis au travail par une fille qui le pousse devant soi : elle précéde le laboureur, faisant passer la roue dans le sillon. Ce qu'on peut y remarquer de particulier, ce sont deux petits arcs-boutans de fer qui fortifient les pieds du brancard, & une planche (assez mal figurée) au devant de la boîte, pour empêcher les mottes de toucher le tuyau par où le bled tombe au fond du sillon. On peut aussi jetter les yeux sur une ligne noire, marquée 2, qui part du haut de la boîte & porte sur la traverse du brancard : c'est là *regle-droite* qui sert à tenir la boîte dans l'*à-plomb*. On voit sur la face de la boîte ce qu'on appelle la *regle-brisée*, marquée 3, servant à diriger la chûte du bled tantôt à terre & tantôt dans la poche, comme il sera dit plus bas.

Observez en passant qu'il vaut mieux que la Semeuse précéde le laboureur que de le suivre, comme il semble qu'on pourroit le faire sans inconvénient, parce que dans le dernier cas, lorsque les sillons auroient une certaine longeur, la semence seroit trop long-tems à decouvert & par conséquent exposée à la rapine des oiseaux & des fourmis.

Seconde Planche.

LA figure 2. ne demande presque que le coup d'œil pour être entendue ; nous allons la traiter sommairement. AB, AB. sont les deux bras du brancard : AA marque le lieu où doit être placée la figure 3. la la ligne ponctuée qu'on y voit désigne l'alignement de l'essieu de la même figure 3. AI, AI, montrent la partie des bras qui est doublée d'une piéce de raport pour fortifier le brancard dans cet endroit, & empêcher par cette double épaisseur que l'essieu n'aggrandisse trop tôt les entailles où il tourne.

Remarquez que la doublure du côté gauche porte encore une assiette en forme de demi-cercle, de six pouces de large sur neuf pouces de long, tant pour rendre ce côté un peu plus pesant, que pour pouvoir placer sur cette assiette des poids d'augmentation suivant le goût de certains propriétaires, qui se recrient sur l'inégalité du poids qui est plus fort à main-droite. Nous croyons devoir faire observer que cette inégalité de pesanteur n'est sensible que la premiere fois qu'on manie cet instrument. Dès qu'on l'a mené quelque tems, on trouve un équilibre d'habitude qui consiste à tenir tant soit peu la main droite plus haute, ou la main gauche plus basse alternativement pour ne fatiguer pas plus l'une que l'autre. Par ce moyen le centre de pesanteur s'avance un peu sur la gauche, & l'on n'y pense plus. Charger de poids le côté gauche, c'est selon nous, produire un mal réel pour en corriger un idéal. On rend la machine plus pesante, &c.

CC, DE, font connoître les deux traverses plattes qui unissent les deux bras : la croix de St. André est formée de deux piéces de *champ*, entaillées à demi-bois au point F, & arrêtées sur les bras du brancard par quatre fortes vis. C'est cette Croix qui donne au brancard toute sa consistance. GG, fait souvenir d'un morceau de fil de fer bien recuit, avec lequel les propriétaires du Semoir doivent serrer fortement le centre de la Croix de St. André dès qu'ils ont assemblé toutes les piéces du brancard, que nous démontons ici pour la facilité du transport.

Le coussinet E, rapporté sur la traverse DE, porte une pointe de fer, servant à regler la direction de la boîte du Semoir par le moyen de la regle-droite K fig. 3. Les lettres H, H, donnent à connoître la place qu'occupent les deux pieds du brancard; ils ont deux pouces de largeur, un pouce d'épaisseur & un pied de longueur, sans compter l'enfourchement. Ils ne sont pas parallelles; leur distance, qui n'est en haut que de 15 pouces, en a 22 par le bas, pour empêcher le Semoir de verser, quand on pose le brancard à terre. Le cliquet AK, qui porte continuellement sur une roue de cliquet attachée au faux-cylindre, empêche le recul de la machine. Sans cette précaution, le cylindre en tournant à rebours écrasseroit beaucoup de grains.

Troisieme Planche.

CETTE troisieme planche contient le plan géométrique du reste du Semoir, quand on en a séparé le brancard : on y voit aussi le dévelopement de plusieurs piéces particulieres. Tout y est mesuré d'après l'échelle de la seconde planche.

La boîte du Semoir, dont on suppose avoir enlevé le couvercle dans la figure 3, est composée de deux *platines* égalles & parallelles, de neuf pouces largeur, quatorze & demi hauteur & d'environ neuf lignes d'épaisseur.

1°. *aa*, platine du côté gauche, présentée de face dans la figure 4 : *bb*, platine du côté droit, vue de face dans la figure 5. CC, plan de la roue : *dd*, essieu qui traverse le cylindre & le *faux-cylindre* : Ee, Ee, faux-cylindre, c'est-à-dire, piéce de bois d'ormeau qui forme le demi moyeu de la roue à gauche; il est dévelopé dans la figure 7... *ee*, longue clavette servant à presser le faux-cylindre contre le vrai, lorsque la roue est entre deux. Voyez cette clavette lettre Y fig. 8.

2°. *ab*, *ab*, petits morceaux de planches minces, qui tient les deux platines ensemble, à trente lignes de distance. Les-unes de ces petites planches sont clouées à demeure, & les autres tiennent par des vis pour pouvoir les ôter au besoin. On voit entre les deux platines fig. 3, le plan de la partie du cylindre qui est enchassée dans la boîte & sur laquelle partie on distingue trois rangs de cellules. Je dis, *la partie du cylindre enchassée*, parce qu'une autre partie de ce même cylindre est hors de la boîte, comme il paroît à côté de la roue en *aa*, fig. 3. Voyez le même cylindre dévelopé dans la fig. 6... *vx* en est la partie exterieure, *xv*, la partie contenue dans la boîte, & *xx* est une *gorge* ou étranglement, ou excavation circulaire de neuf lignes de large & d'autant de profondeur, dans laquelle est enfoncée par le bas la piece P de la fig. 4. La partie *vx* du cylindre à six pouces de diamétre, & la partie interne, qui porte les cellules, n'en a que cinq.

3°. L'espace marqué *h* fig. 3. est la place où se met le *Regulateur*, dévelopé dans la fig. 18. & l'espace oposé dans la même boîte fig. 3, désigne l'ouverture du tuyau par où le bled tombe à terre.

4°. Pour comprendre comment la roue est affermie entre le cylindre & le faux-cylindre (qui composent son moyeu total) il faut imaginer que ses deux diamétres sont noyés dans deux rainures de la partie du cylindre marquée *aa* fig. 3, c'est-à-dire, que l'un des diamétres est entierement noyé dans ladite partie du cylindre *aa*, & l'autre diamétre n'y est noyé qu'à demi, le reste de son épaisseur se loge dans une entaille du faux cylindre marquée dans la fig. 7.

5°. Regardez la figure 8, qui désigne l'essieu avec ses deux clavettes & & Y. La premiere est fixe & totalement noyée dans le cylindre du côté de la platine *bb*, fig. 3, & l'autre est amovible. Quand la roue est placée entre ses deux demi-moyeux, on enfonce à force la clavette *ee*, fig. 3, & la roue se trouve intimement liée avec les deux parties de son moyeu. La vis Z fig. 8, empêche la clavette Y, de sortir en reculant & de se perdre. Cependant pour rendre cet assemblage encore plus solide, nous mettons quatre liteaux de bois (*W* figure 7) qui sont cloués par un bout sur le faux-cylindre, & tiennent chacun par l'autre bout, avec une forte vis, sur la partie du cylindre *aa* f. 3.

6°. Les lettres *i* K, figure 3, indiquent le plan de la piece nommée *regle-droite* dans mon Mémoire, & marquée 2 dans la prem. figure. Sa partie K, qui est percée de 18 trous gradués, s'applique sur le coussinet E de la figure 2, & la pointe peut entrer indifferamment dans chacun de ces trous pour tenir la boîte *immobile* dans la situation qu'on veut.

7°. Il est aisé de concevoir que quand la roue tourne, tout tourne excepté la boîte qui demeure immobile, à cause de la *regle-droite* qui la tient liée au brancard.

8°. La platine *ll*, fig. 4. est toute d'une piece, à l'exception d'une entaille *nn* qu'on y fait pour recevoir le cylindre figure 6, par l'étranglement *xx*. Quand le cylindre est en place, on bouche cette entaille avec une piece de bois P, qui la remplit exactement & ne peut en sortir en aucune façon, parce qu'elle tient par le bas dans la susdite excavation *xx*, & par le haut au moyen d'une agraffe de fer & de quatre vis *mm m m*.

Quand on veut graisser le Semoir, comme nous l'expliquons ailleurs, on défait les deux vis *m*, *m*, ſans toucher aux deux autres *n n*, & l'on tire la piece P dehors. On met alors un peu de vieux oing ſur la lame de métal qui couvre le fond de l'étranglement *x x* fig. 6.

9°. Il nous reſte encore à faire connoître dans la figure 4, une piece unique & deux qui ſont repettées dans l'autre platine fig. 5. La premiere eſt le croiſſant Q, piece de bois cintrée, d'environ un pouce d'épaiſſeur, clouée à demeure ſur la piece P, & deſtinée à empêcher que les ordures, que la roue ramaſſe en roulant, ne tombent dans la jointure, entre la boîte & la partie du cylindre *aa*, figure 3. Ces parties terreſtres s'inſinueroient par-là dans la gorge *xx* figure 6, & y cauſeroient un frottement conſiderable.

La piece *o* figure 4, & ſa pareille *r* figure 5, ſont deux ſortes de pannes pour recevoir les gonds du couvercle P fig. 15.

10°. La piece *g* fig. 4 & ſa jumelle *r* fig. 5, ſont liées enſemble par un bout de fil-de-fer qui traverſe toute la largeur de la boîte de dehors en dehors. Pour comprendre leur uſage, il faut obſerver que la figure 10 (compoſée d'une manivelle de fer 1, & d'une planchette 2) eſt placée dans l'intérieur de la boîte. On en voit le profil en M K fig. 15. Elle ſert par ſon jeu alternatif à jetter la ſemence tantôt à terre & tantôt dans la poche BQ, même fig. 15. Or pour introduire cette manivelle de la figure 10, dans l'intérieur de la boîte, on eſt obligé de pratiquer deux entailles au bas des deux platines, d'environ 18 lignes de profondeur : on fait entrer toute la figure 10 dans la boîte au moyen des entailles ſuſdites, & pour l'y retenir on remplit les deux entailles par un morceau de planche marqué Y figure 15, & le fil-de-fer qui lie les deux pieces *g*, *r* figures 4 & 5, ſoutient ce dernier morceau de planche dont nous venons de parler.

Remarquez que ce dernier morceau de planche ſert

de borne commune aux deux chaſſis qui portent, l'un le tuyau L, & l'autre la poche B Q fig. 15, afin que le bled paſſe fidelement dans l'une ou l'autre des deux voies qu'on lui ouvre ſucceſſivement.

11°. Il nous reſte à remarquer dans la figure 5, une piece de bois amovible R, laquelle remplit l'entaille qu'on eſt obligé de faire à cette platine pour recevoir l'eſſieu du cylindre (comme l'entaille de la figure 4 reçoit l'étranglement de ce même cylindre). Cette piece R devient adhérente à la platine, au moyen de deux agraffes de fer T, T, arrêtées avec de fortes vis. Elles empêchent la piece R de pouſſer *en dehors* de la platine, mais non pas de pouſſer *en dedans* ni de *monter*, & voici ce qui la fixe. On diſtingue ſur chacune de ces agraffes un trait blanc, qui part d'embas & en couvre une bonne partie. Ces traits blancs déſignent des pieces *viſſées* dont la plus haute ſe voit figure 11, & la plus baſſe figure 12. A meſure qu'on ſerre ces pieces en les tournant, elles tirent la piece R contre les agraffes & l'épaiſſeur des agraffes ſe trouve compriſe dans le ravalement 3 & 4 des figures 11 & 12, ce qui empêche, tout à la fois, la piece R de monter & de pouſſer en dedans.

Faites attention que dans la figure 12, outre la piece viſſée 4, on voit un quarré-long 5, lequel repréſente une piece de peau, dont le haut (fait en gaîne) ſe place ſur le bout uni de la piece viſſée, & le bas eſt chargé de quelques dragées de plomb, dont nous expliquerons l'uſage plus bas.

12°. La piece STX fig. 5, qui a la forme d'une équerre, eſt, ce que j'appelle dans mon Mémoire, la *regle-briſée*, parce qu'elle eſt compoſée de deux branches, l'une horizontale & l'autre verticale, qui ſont réunies au point T, & pliantes comme un compas. On voit au travers de la branche horizontale, un trait blanc T qui la traverse entierement. C'est la piece dévelopée dans la figure 14. Elle est vissée en partie pour prendre dans la platine, & quarrée vers l'angle, par où elle sert de soûtient à la regle-brisée, entrant tantôt dans l'une & tantôt dans l'autre des deux coches qui sont à côté, pour empêcher que la regle-brisée ne change de place d'elle-même. Quant à la troisieme coche qu'on découvre vers l'angle, c'est une faute de gravure.

Vers le milieu de la branche verticale, paroît une vis qui lui sert de centre : elle porte une entaille par le bas, pour embrasser le manche de la manivelle (dévelopée figure 10) & la faire jouer à droite ou à gauche. Si l'on pousse la regle à droite ou *en-avant*, la manivelle tourne à gauche & le bled coulera à terre ; au contraire si l'on tire la regle à gauche la manivelle tournera à droite & le bled passera dans la poche : jettez les yeux sur la figure 15.

Remarquez que l'endroit de la platine qui sert de centre à la regle-brisée, est doublé d'une petite piece de bois quarré-longue de 4 lignes d'épaisseur pour l'écarter d'autant ; cette précaution est nécessaire.

13°. Comme la Semeuse pourroit pousser la regle-brisée trop fortement & forcer la manivelle, on y remédie par deux mantonets vissés figure 9, qu'on place à côté de la branche verticale, vers l'angle, l'un à droite & l'autre à gauche, de maniere que ces mantonnets arrêtent, toujours à-propos la force de la Semeuse, & quand la regle y touche, on est seur que la manivelle est dans sa juste position, soit en avant soit en arriere.

14°. La figure 13, est le plan d'une cellule dans toutes ses proportions : il faut seulement observer que le creux est un peu plus profond que la moitié de sa plus grande largeur, parce que l'instrument qui sert à la polir, eſt appliqué obliquement ſur le cylindre, comme dans la figure 16. Le creux diminue en tirant vers la pointe de la cellule, où il ſe reduit à rien.

Quatrieme Planche.

LA planche précédente nous ayant occupé long-tems, nous paſſerons plus rapidement ſur l'explication de celles qui reſtent. La figure 15, dont nous avons prolongé l'échelle pour la rendre plus ſenſible, nous montre l'intérieur de la boîte, dont il faut ſuppoſer qu'on a enlevé la platine d'à main droite figure 5.

A, bout de l'eſſieu avec ſa clavette fixe, noyée dans le cylindre :.... CAC, le fond du cylindre, qui doit toucher intérieurement la platine de la figure 5, que nous ſuppoſons enlevée :.. CC, la coupe des cellules, qui ſont creuſées en trois rangs ſur le pourtour du Cylindre ; voyez la figure 6, qui en eſt le plan : BB, hauteur & largeur de la boîte :... DD, petite planche qui partage la boîte en deux parties, l'une pour contenir la ſemence & l'autre pour la diſtribuer :.. E, manche de la planchette DD, formant enſemble le *gliſſoir* ; voyez cette piece groſſie en STV, figure 21. Le point noir E du manche du gliſſoir, indique une cheville de bois fixée à demeure au travers dudit manche, laquelle touche également les deux platines de la boîte & empêche le gliſſoir de changer de ſituation, ni de balancer.... FGH, la piece appellée *le Regulateur.* Elle eſt repetée & groſſie figure 18.. II, le grainier, qui étant plein de froment, ſuffit pour environ demi-heure de travail.

Remarquez qu'à meſure que le cylindre tourne de gauche à droite, les cellules qui paſſent ſucceſſivement devant l'ouverture du Regulateur C, s'y rempliſſent de grains ; ces grains ſont emportés, en montant, jusqu'au sommet du cylindre; de là ils recommencent à descendre & enfin se précipitent par l'espace K, dans le tuyau L, pour tomber au fond du sillon. Mais comme dans une forte secousse de la machine, tous les grains qui ont recommencé de descendre, pourroient partir tous à la fois, ce qui seroit un inconvenient, nous y remédions par la peau de la figure 12, laquelle couvre une partie du cylindre d'environ 50 degrés, à compter du sommet en tirant vers K. Cette peau ainsi appliquée & chargée de dragées de plomb par le bas, tient les grains captifs dans les cellules, lesquelles ne peuvent se vuider qu'en debouchant de la peau.

Observez en passant que cette maniere de prendre le bled par cô é, est sans contredit la meilleure de toutes, pour n'écorner aucun grain.

MK, planchette intimement liée avec la manivelle de la fig. 10; telle qu'on la voit dans la figure 15. Elle donne passage au bled pour tomber à terre; mais lorsqu'en poussant la regle-brisée, le tranchant de cette planchette va se porter dans l'angle K, ce même bled trouvant le passage fermé, se précipite dans la poche BQ... MM, rainure pratiquée dans l'épaisseur des deux platines, pour recevoir en coulisse le chassis qui porte la poche. Il devroit être prolongé jusqu'au tourniquet X, qui l'empêche de reculer de lui-même. C'est une faute de gravure. Le chassis du tuyau L, se coule également dans les mêmes rainures, mais de l'autre côté, (le morceau de planche Y entre deux.)

NN, petite planche d'un pied de longeur, de 4 pouces largeur & de six lignes d'épaisseur, qui tient audevant de la boîte avec trois fortes vis & empêche les mottes de toucher au tuyau L. Pour encaisser le Semoir nous relevons cette planche : il faut la remettre à sa place quand on l'a reçu... O, petit ressort avec lequel le couvercle P s'accroche en tombant.

RRR, sont les quatre rayons de la roue... SST, désignent la regle-droite dont le plan se voit en *i* K, fig. 3. Elle est pliante vers le milieu de sa longueur, pour tenir moins de place dans la caisse d'embalage : on la rédresse au moyen de deux vis coudées, placées aux deux côtés, dont une paroît ici.. VV, épaisseur des petites planches qui lient ensemble les deux platines de la boîte, marquées *ab*, *ab* dans le plan figure 3. On en voit de pareilles de l'autre côté de la boîte, dont une partie KN, est notablement plus épaisse & taillée en talud pour faciliter la chute du bled dans la poche BQ.

Cinquieme Planche.

LES deux figures 16 & 17 représentent le profil & le plan de l'*outil-à-cellules*, très-commode pour les creuser & les polir en très-peu de tems, ce qui ne peut presque pas être suppléé par aucune sorte d'outils tranchans.

Avant d'entamer l'explication de ces deux figures, il convient de donner quelques avis préliminaires. 1°. Le cylindre tel qu'on en voit le plan en *yy* figure 6 doit être travaillé sur un tour particulier avec le même essieu destiné pour le Semoir ; je dis *particulier*, parce que ce tour n'a pas deux pointes comme les autres ; mais deux entailles qui embrassent l'essieu dans les deux points *dd* fig. 3. Sans cette précaution jamais le cylindre ne sera parfaitement centrique. On emploie pour ce tour une roue comme celles des Couteliers.

2°. On commence par dégrossir le cylindre & marquer les deux bornes de sa longueur : on retire ensuite l'essieu, qui porte une marque pour être remis dans le même sens : on scie les deux bouts dans l'endroit précis des deux bornes marquées, & l'on en dresse parfaitement les deux fonds avec le rabot, après quoi, l'on remet l'essieu en place & le cylindre sur le tour pour le finir, sans plus toucher aux deux fonds qui ont été affranchis avec le rabot.

3°. On a un mandrin de fer (de même calibre que les essieux) lequel est arrêté à demeure dans une piece cylindrique CC, fig. 16 & 17. Cette piece cylindrique, que je nomme *matricule* pour abréger, contient sur son pourtour autant de petits trous, qu'on veut creuser de cellules sur le cylindre effectif. Ces trous, qui forment trois rangs, sont distribués suivant le même ordre de divisions qu'on prétend employer pour les cellules, au moyen de quoi il n'est pas besoin de compas pour diviser le cylindre : la matricule suffit pour les opérer tous dans une parfaite égalité.

4°. Quand on veut faire les cellules, on retire l'essieu du cylindre, & ce cylindre s'enfile sur le mandrin de la matricule. Voyez le cylindre MM appliqué contre la matricule CC fig. 17.

Explication.

1°. AA figure 16, marque l'épaisseur de la planche, dont le plan se voit en *aa* fig. 17.. AB, montant de l'outil, arrêté solidement sur la table AA & consolidé par une jambe de force.. BB, autre planche pour soûtenir la monture de la fraise ou *poire* qui sert à polir les cellules. Cette planche joue en forme de charniere au point B, comme on voit en RS.. La monture de la poire consiste en une lame de fer OP, dont les bouts, plus épais, sont pliés à angles-droits en forme de poupées. Sur la lame OP sont rivées deux vis, qui traversent la planche BB, & reçoivent deux écroues à oreille FF.

2°. Le *porte-poire* DD est garni d'un Rochet E, qu'on fait tourner avec un archet, dont nous n'avons pas cru devoir charger cette figure. Il est pointu par un bout & pivotte dans la vis L, & par l'autre bout il est partagé en deux pieces, dont une, *amovible*, est rapportée sur l'autre au moyen de trois bonnes vis. Les deux ensemble embrassent la queue QR de la poire QRP figure 19, dont la partie QR est quarrée, & la partie RP est arrondie pour tourner dans la poupée gauche. On fait passer ce manche à travers cette poupée, pour l'introduire dans le porte-poire où l'on le serre bien au moyen de ses trois vis.

3°. On voit vers le bout de la planche BB, une piece rapportée G, d'environ neuf lignes d'épaisseur, & un peu cintrée par le bas : nous expliquerons bientôt son usage. Le bout d'en bas de la planche BB, est arrondi pour pouvoir être empoigné par la main gauche de celui qui creuse les cellules.

4°. H, est une espece de poupée sur laquelle, & sur sa pareille est monté le mandrin de la matricule CC.. HI, piece mobile qui porte une pointe I, laquelle doit entrer successivement dans tous les trous de la matricule.... K, petit ressort double qui tient la pointe I enfoncée dans un trou de la matricule pendant tout le tems qu'on façonne une cellule : il obéit, quand on retire la pointe pour la changer de trou.

Observation.

Notre principale attention dans la distribution des cellules sur le cylindre, a été de faire ensorte que *jamais deux ne se vuidassent à la fois*, c'est pourquoi les divisions d'un même rang ne sont pas toujours égales entre elles, excepté celui de 24.. Il y a un rang de 12 cellules, un de 24 & un de 18. Depuis

Seconde Planche.

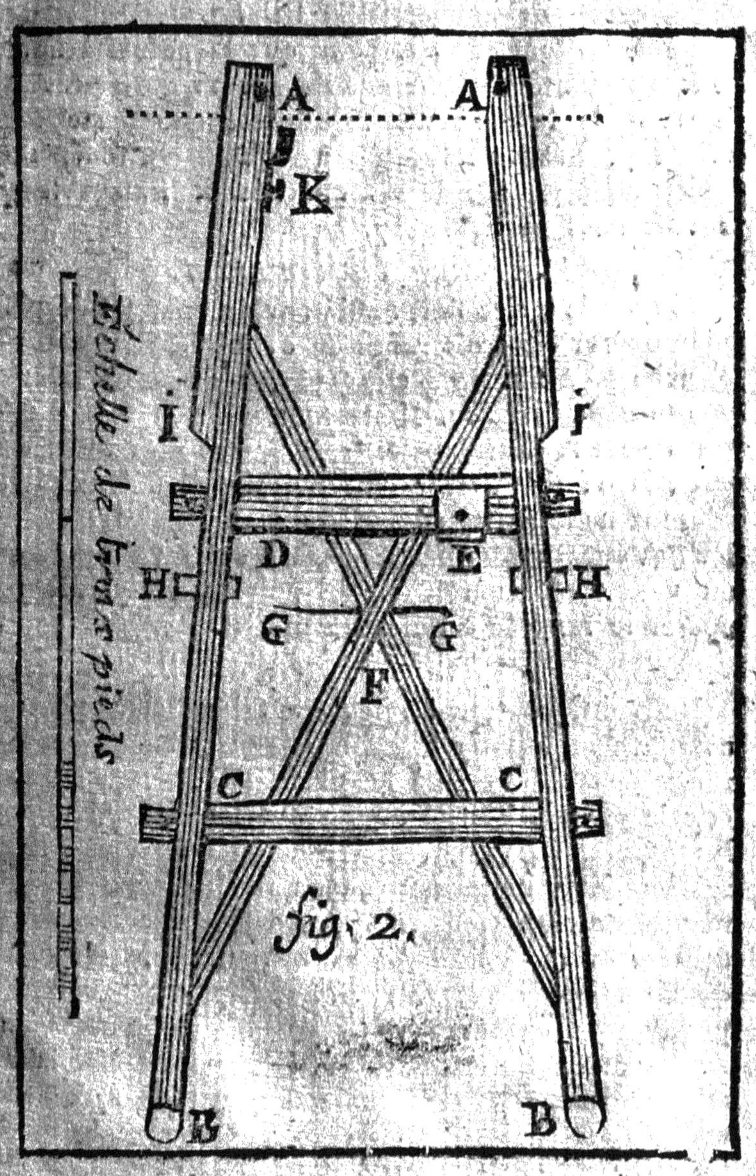

fig. 2.

quelque tems nous mettons 15, 24, & 21 cellules; parce que quelques particuliers l'ont demandé.

Les trous de la matricule CC fig. 17, font dans la même proportion, & pour que la pointe I figures 16 & 17, puiſſe ſe préſenter devant les différens rangs de trous de la matricule, la piece qui porte cette pointe I, avance & recule à volonté en tournant à droite ou à gauche la vis couchée & immuable qui ſe voit dans la figure 17.

Seconde Obſervation.

Comme la poire doit auſſi pouvoir changer de place pour opérer les trois rangs de cellules, il y a ſur la planche *bb*, fig. 17, trois places affectées pour la monture de la poire. Il ne faut pour cela que trois trous vers la charniere & trois autres plus loin, dans leſquels on fait entrer ſucceſſivement les deux vis rivées OP de la figure 16, & l'on y applique les écroués FF. Voyez ces trous & ces écroues *ff* figure 17, où vous comprendrez que la poire y eſt placée pour opérer le rang de cellules du milieu.

Troiſieme Obſervation.

Nous diſions tout-à l'heure qu'il ne faut point de compas pour diviſer le cylindre rélativement aux trois rangs de cellules & à la place de chacune d'elles, & cela eſt très-à-propos pour que les diviſions de *tous* les cylindres, venant *toutes* d'une même matricule, ſoient toutes uniformes; mais il faut cependant, au moyen de cette matricule, marquer les places des cellules avant de les opérer, & pour cela on ſe ſert de la pointe *coudée* XY fig. 22, qu'on met dans le porte-poire, avant d'y mettre la poire-elle-même. Avec cette pointe coudée fig. 22, on marque ſur le cylindre autant de points qu'on y doit creuſer de cellules, & ce point eſt le terme où commence la *partie large* de chaque cellule.

Troisieme Planche.

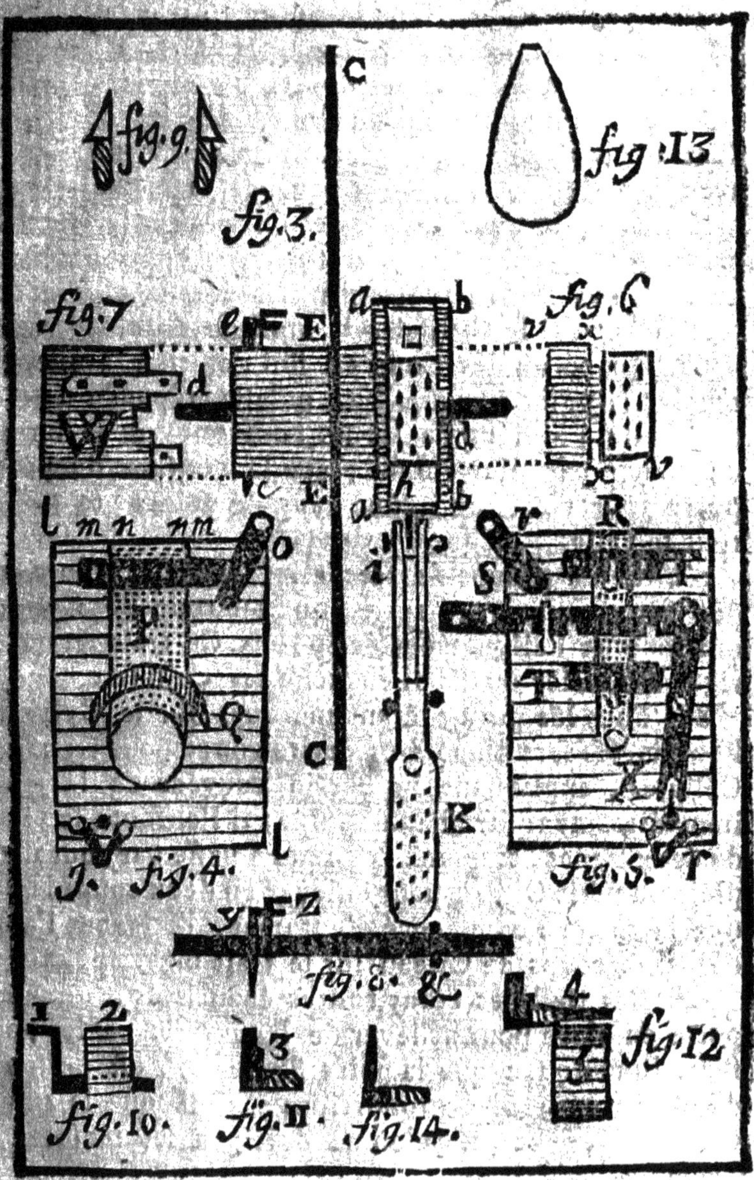

Opération.

5°. Imaginons que dans la figure 16, le porte-poire DD, eſt garni de la pointe coudée fig. 22 : On introduit la pointe I, dans un des trous de la matricule CC, & tout de ſuite on imprime un point correſpondant ſur le Cylindre en preſſant un peu le manche B, avec la main gauche : on releve de la même main le manche B, & avec la droite on retire la pointe I pour la placer dans le trou ſuivant ; on preſſe encore avec le manche B pour imprimer un ſecond point correſpondant ſur le Cylindre & ainſi de ſuite.

6°. Quand un des rangs eſt fini, on fait avancer ou reculer la pointe I juſqu'à ce qu'elle réponde (ſur la matricule) au rang de trous dont on veut ſe ſervir ; on change pareillement de place la monture du porte-poire pour tracer un ſecond rang de points, & ainſi de tout le reſte.

7°. Il eſt à propos de tracer, (avec la pointe coudée fig. 22) un leger trait tout au tour du Cylindre qui indique l'alignement des points. Ce trait ſert à diriger l'Ouvrier quand il ébauche les Cellules.

8°. Tous les points étant marqués ſur le Cylindre, l'ouvrier ſe ſert d'une très-petite gouge pour ouvrir les Cellules, appliquant la partie convexe de la gouge immédiatement ſur chaque point ; il l'enfonce la valeur de deux lignes, & quand la gouge a paſſé par tout il emploie un petit Ciſeau pour enlever en deux coups le bois que la gouge a commencé d'entamer, dirigeant l'angle des deux coups de Ciſeau ſur le trait leger expliqué 7°.

9°. Les Cellules étant toutes ébauchées, on met la poire en place pour achever de les creuſer en les poliſſant. Remarquez que la poire figure 19, eſt préſentée dans ſes véritables proportions, ainſi que la pointe coudée figure 22, & qu'on ne doit pas les meſurer ſur l'échelle.

Quatriéme Observation.

IL ne faut pas croire qu'en tenant la poire dans une cellule & pouſſant l'archet avec force, on ſeroit maître de l'y contenir : on briſeroit tout. Mais pour parer cet inconvénient, on fait entrer le morceau de planche G fig. 16, dans la gorge du Cylindre, qui eſt marquée xx dans la figure 6. Cette planche dans cette gorge reſiſte aux impreſſions de l'archet, & la poire ne peut chaſſer ni d'un côté ni de l'autre ; ainſi l'Ouvrier appuyant avec diſcretion ſa main gauche ſur le manche B, & pouſſant l'archet de la droite (avec douceur au commencement & fortement enſuite) la poire acheve de creuſer la cellule & lui donne un poli parfait, & très-néceſſaire pour qu'aucun grain ne puiſſe s'y arrêter. Une cellule étant finie, on ſe comporte pour les autres de la même maniere preſcrite dans la 3e. obſervation touchant les points à tracer.

On ne ſauroit croire combien cet outil influe dans l'avancement & le perfectionnement de l'ouvrage.

Sixiéme Planche.

LA figure 18, eſt le dévelopement du *Regulateur* F G H fig. 15, priſe ſur une plus grande échelle pour la rendre plus ſenſible.. AA Planche principale d'un pied de long, 4 lignes d'épaiſſeur & 30 lignes de largeur. La partie *n* eſt beaucoup moins large pour entrer dans un crampon *n*A, qui la ſoûtient par le bas & la tient appliquée contre le côté VVB de la figure 16. Elle eſt ſoutenue par le haut au moyen d'un crochet plat K. *i* autre crampon pour prendre avec les doigts, quand on veut tirer le Regulateur hors de la boîte.. B, plaque de métal à deux plis rectangles, formant trois côtés, leſquels avec la planche AA, (ſur laquelle elle eſt clouée) font un quarré-long par où toute la ſemence doit paſſer ſucceſſivement.

H, morceau de planche assemblé à tenons-colés dans la planche principale AA.. Sa coupe de devant doit être à plomb, mieux que ne le marque la figure. Elle doit toucher, *sans frottement*, la circonférence du Cylindre & sa superficie superieure doit répondre précisément au centre du Cylindre; voyez-la dans la figure 15. Le bled qui passe dans le quarré-long B figure 18, ou G figure 15, s'arrête sur le fond H, & par sa propre fluidité se présente continuellement au Cylindre par l'ouverture *g*, laquelle doit être de 11 lignes & demie, ou d'un pouce au plus. C'est la piece qui demande le plus de précision & que je ne confie qu'à mon premier ouvrier. Il est aisé de comprendre combien la circonférence du Cylindre a besoin d'être exactement concentrique pour être toujours intimement proche de la planche H, sans trop *frotter* ni laisser *du jour*, par où le grain s'échaperoit dans la poche qui est audessous.

Remarque.

Tous nos Cylindres n'ont pas été faits avec cette parfaite précision, parce qu'on les tournoit tous sur un mandrin *commun*, pour les monter ensuite sur chaque essieu particulier : mais nous étant apperçus de cet inconvénient, nous avons trouvé le moyen de tourner chaque Cylindre sur son propre essieu. Voyez ci-devant *cinquiéme planche*. Au reste l'inconvénient n'est qu'incommode sans être nuisible, parce que le bled qui s'échape par-là tombe dans la poche. Il faut la vuider plus souvent, & ouvrir plus fréquemment le grainier, qui est plutôt à sec.

Il nous reste à expliquer dans la fig. 17, la piece *cEccdcfbm*. Elle est composée de bois & de fer; toute la partie ponctuée *mb*, est de bois d'environ 9 lignes d'épaisseur. Elle est armée d'une lame de fer mince, coudée & cintrée suivant les lettres *cmcfcc*, où elle fi-

Quatrieme Planche.

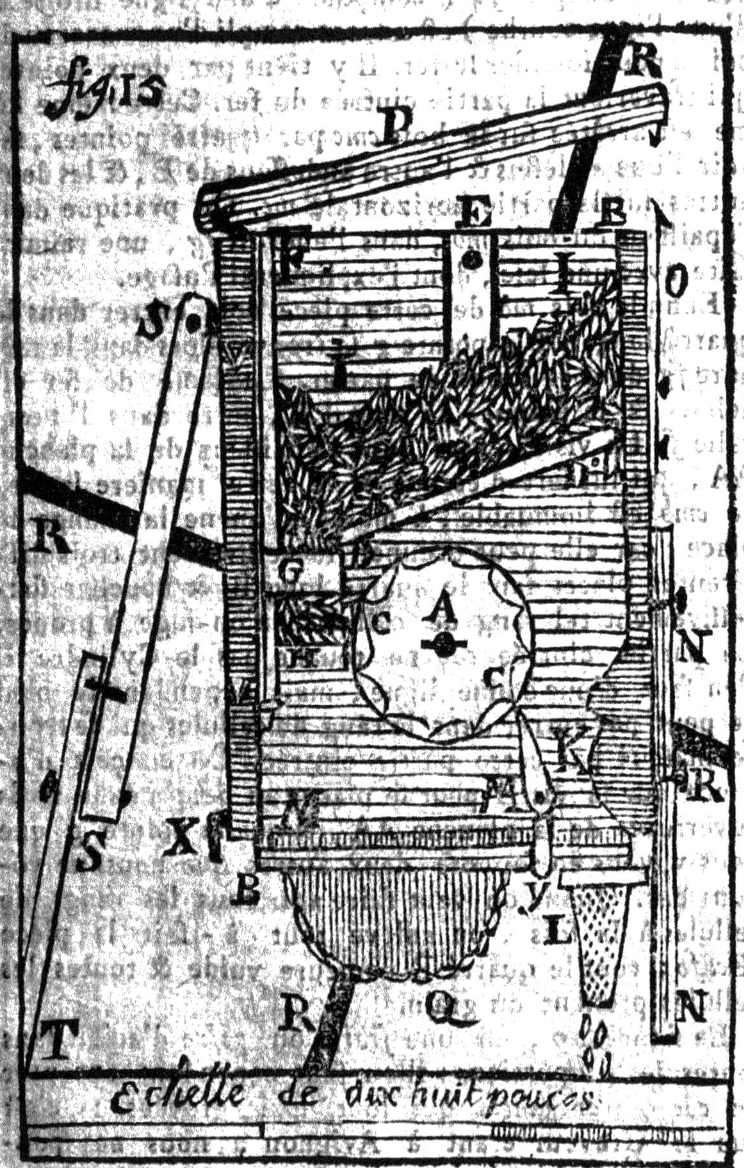

nit, laissant un petit espace *f* entre elle & le bois. Le vuide de l'angle *cfc* (composé d'une ligne droite & d'une ligne courbe) est encore rempli d'un morceau de bois *d* pour fortifier le fer. Il y tient par deux pointes qui traversent la partie cintrée du fer. Cette même lame est arrêtée sur le bois *cmc* par quatre pointes, savoir l'une audessus & l'autre audessous de E, & les deux autres sur la partie horizontale *mc*. On pratique dans l'épaisseur du bois *mb*, dans l'endroit *fg*, une rainure faite avec une scie, dont j'expliquerai l'usage.

Enfin le bois *mb* de cette piece doit entrer dans le quarré-long B & la pointe *g* se trouve alors dans la rainure *fg* dont je viens de parler. La lame de fer est dehors & la plaque de métal B, entre dans l'intervalle *f*. La vis E entre dans l'épaisseur de la planche AA, qui lui sert d'écroue & de cette maniere la piece *cmb* est immuable, à moins qu'on ne la change de place : car elle peut occuper successivement trois différentes places dans le quarré long B & boucher successivement tel rang de cellules qu'on juge à propos. La partie cintrée *cdc* ne touche pas le Cylindre ; il s'en faut d'une bonne ligne, mais cependant le bled ne peut pas entrer dans le rang de cellules qui se trouve masqué par cette partie cintrée. On conçoit d'avance que la vis E peut se placer au besoin dans trois ouvertures de la planche AA, & que la pointe *g* que nous voyons en suppose deux autres que nous ne voyons pas. Quand on veut faire agir tous les rangs de cellules à la fois, on enleve tout-à-fait la piece *oEcdfb* ; tout le quarré B demeure vuide & toutes les cellules prenent du grain.

La figure 19, est une *fraise* ou *poire* d'acier dans toutes les proportions : il en faut cependant excepter ses *côtes tranchantes* qui sont mal gravées : c'est que le Graveur étant à Avignon, nous ne pou-

Cinquieme Planche.

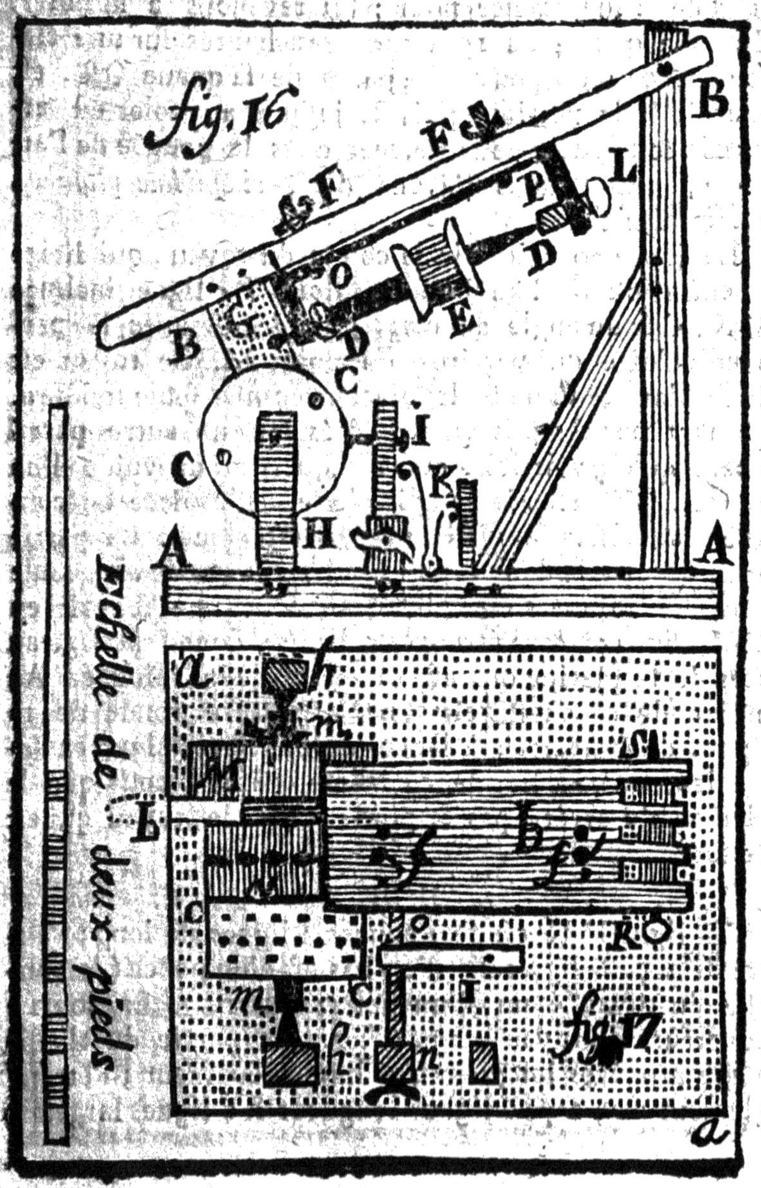

vons pas suivre son travail, comme nous voudrions, & quand les fautes sont faites nous sommes forcés d'avoir de l'indulgence pour : lui revenons à la poire. Elle n'a que 14 ou 15 côtes tranchantes sur une circonférence d'un pouce. La partie de sa queue QR, est quarrée & la partie depuis R. jusques au colet est arrondie & adoucie pour tourner dans la poupée de l'armure, comme nous l'avons dit, *cinquième planche, explication 2°.*

La figure 20 fait voir la coupe du tuyau, qui dirige la chûte du bled au fond du sillon. La ligne inclinée MK, fait un angle de *vingt-sept degrés* avec la perpendiculaire qui partiroit du point M. Ce tuyau est de ferblanc, d'une seule piece avec une seule soudure, formant par ses plis quatre côtés dont un autre pareil à celui qu'on voit ici, entre lesquels est un vuide d'un pouce...LM, chassis de bois d'une seule piece en coulisse, audessous duquel le tuyau est cloué.. La partie *n*M, occupe le dessous de la boîte : la partie *o*L, coule dans les rainures des platines, dont une se voit en MM, fig. 15, & l'étranglement *no*, donne passage au bois de la platine qui est audessous de la rainure.. Au milieu de ce chassis est une ouverture ronde de 10 lignes de diamétre, à laquelle vont se terminer *en talud* les quatre côtés de ce même chassis, pour que le bled ne s'y arrête pas & puisse enfiler le tuyau qui est dessous.

Dimentions.

La ligne MK est de 3 pouces 4 lignes de long; l'autre de 2 p. 8 lig.. celle d'en bas est d'un pouce (la bouche du tuyau étant d'un pouce quarré). La longue ouverture du tuyau a 2 p. 6 lig... la partie du chassis *n*M a 4 pouces longueur, 6 lignes épaisseur; l'étranglement *no*, 2 p. 6 lignes longueur & 6 lignes largeur;

Sixiéme Planche.

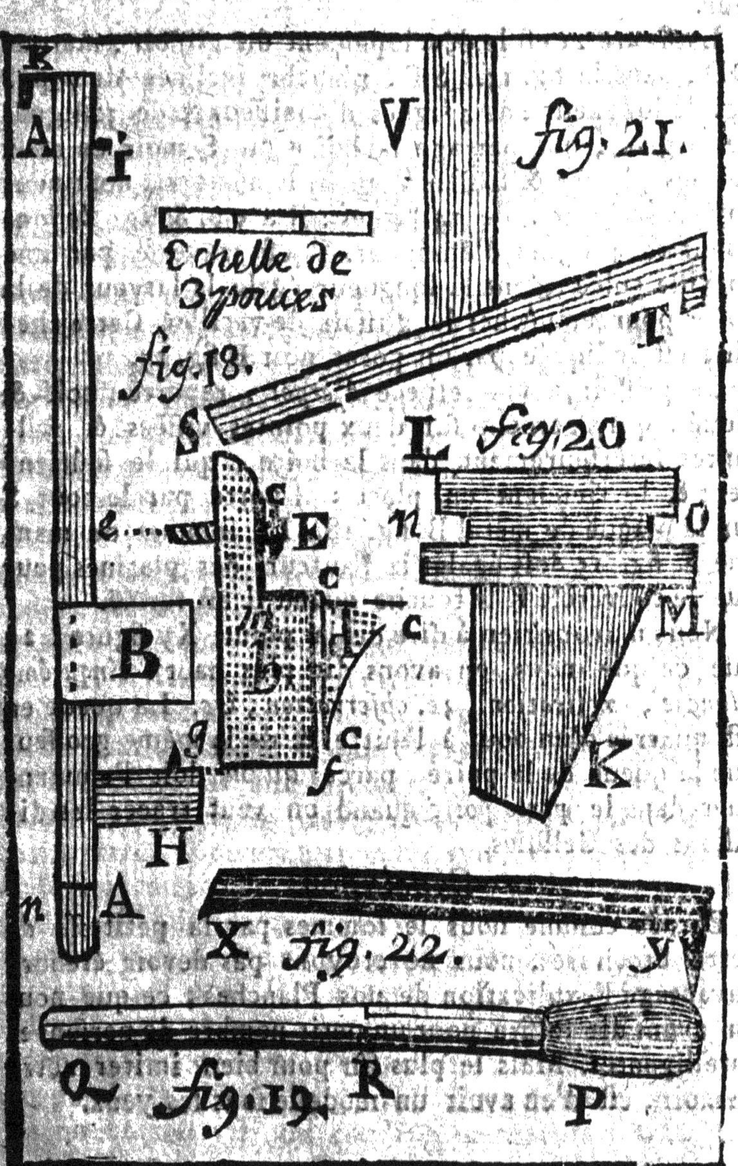

le coulant o L, 3 pouces longueur, & 6 lignes épaisseur.

La figure 21 eſt le dévelopement du gliſſoir, marqué DD, dans la fig. 15... ST, planche inclinée de 7 p. 8 lig. de longueur, de 4 lignes d'épaiſſeur & de 30 lignes de largeur, qui partage la boîte du Semoir en deux parties, haute & baſſe. V en eſt le manche, dont nous voyons la largeur de 14 lignes : il a 5 p. 8 lig. de longueur & 3 lignes d'épaiſſeur. Il eſt traverſé par une cheville colée, dont la longueur égale la largeur de la boîte pour empêcher le gliſſoir de vaciller. Cette cheville eſt indiquée par un point noir E fig. 15.

Ce gliſſoir a une eſpece d'*ergot*, raporté, colé & cloué, qui s'acroche ſur deux pointes viſſées & ſaillantes interieurement dans la boîte, qui le ſoûtiennent & le tiennent en place ; il porte par le bout S ſur la plaque de métal B fig. 18.. Le ſommet du manche E fig. 15 doit égaler la hauteur des platines pour que le couvercle P le touche quand il eſt fermé.

Nous n'avons rien à dire de la pointe X*y* figure 22, que ce que nous en avons dit plus haut, *cinquiéme Planche*, *explication*, *3e. obſervation*, *&c.* La queue en eſt quarrée d'un bout à l'autre & de la même groſſeur que la queue de la poire, parce qu'on doit l'emmancher dans le *porte-poire* quand on veut tracer les diviſions des Cellules.

Concluſion.

Bornés comme nous le ſommes par la petiteſſe de cette brochure, nous ne croyons pas devoir étendre davantage l'explication de nos Planches ; ce que nous en avons dit ſuffira pour un petit nombre de perſonnes intelligentes. Mais le plus ſûr pour bien imiter notre Semoir, eſt d'en avoir un modelle ſous les yeux.

Examen des piéces essentielles du Semoir, tant pour les Ouvriers que pour les Acquereurs.

L'essentiel pour le bien faire consiste 1°. à ne laisser point de jeu sensible entre le Cylindre & l'intérieur des platines & que l'épaisseur de la platine gauche remplisse exactement la gorge de ce même Cylindre : il suffit qu'il tourne sans gêne, ces pieces acquerront de la liberté en travaillant. 2°. Que le Cylindre soit tourné sur son essieu, ce que l'on connoîtra, si, en faisant une revolution entiere, il rase toujours le regulateur de la même maniere sans laisser entrevoir du jour. 3°. Que l'intérieur des Cellules soit bien uni, afin qu'aucun grain de bled ne s'y arrête ; on pourra les éprouver en mettant du bled dans le Regulateur & faisant marcher le Semoir, car lorsque ce bled sera épuisé & que les Cellules n'en prendront plus, elles passeront *toutes vuides* sous les yeux de l'Examinateur ; au contraire. si l'excavation n'en est pas bien unie, on remarquera quelques grains qui feront le tour sans tomber. 4°. Il faut que la planchette MK, fig. 15 ne puisse jamais toucher le Cylindre, quelque effort que l'on fasse pour la pousser & que cependant elle en approche beaucoup. Si elle laissoit trop d'ouverture, il tomberoit dans la poche une partie du bled qui doit tomber à terre. Tout ce que nous venons d'observer demande beaucoup de précision ; on n'y réussira pas partout du premier coup.

Au reste, tout Lecteur judicieux doit savoir que les explications par écrit sont longues, & minutielles à cause des fréquentes repetitions qui sont indispensables, cependant quand ce Semoir est achevé, l'on ne s'apperçoit pas de la moitié des pieces. Tout y tient par plus de 60 bonnes vis qui rendent la machine très-solide & laissent la liberté de défaire ce que l'on veut.

Ces vis, faites à la filiere & prenant dans le bois (de Noyer ou de Foyard) qui leur tient lieu d'écroues, font une force étonnante.

INSTRUCTIONS PRATIQUES.

Sur la maniere de monter le Semoir quand on l'aura reçu.

LE Semoir étant mis hors de la Caisse d'embalage, on trouvera dans le grainier 1°. la présente brochure; 2°. quatre chevilles de bois pour les traverses du brancard; 3°. quatre vis pour la *Croix de St. André*: 4°. deux petites clavettes pour retenir l'essieu dans les entailles du brancard: 5°. le tuyau de fer-blanc qui dirige la chûte du bled dans le sillon.

Pour mettre en place le tuyau, l'on enlevera une petite planche qui tient au-devant de la boîte par trois vis coudées. On l'introduira dans ses coulisses (tournant la pente vers la roue) & l'on remettra la planche dans la *plus basse place* qui lui est destinée, pour empêcher le tuyau de sortir & le garantir des mottes qui pourroient l'endommager.

Quant au brancard, outre le double *repaire* que mes Ouvriers y mettent, on n'aura qu'à regarder la *seconde Planche*, pour être au fait d'en assembler les pieces... On doit alors tout de suite, de peur de l'oublier, affermir le centre de la Croix de St. André avec quelques circonvolutions de fil-de-fer bien recuit. C'est de-là que dépend toute la solidité du brancard.

Sur la direction de la Boîte.

La Boîte doit être à plomb ou à peu-près, quand la semeuse opére sur un plan horizontal. Si elle penchoit sur le devant, elle donneroit trop de bled &

trop peu si elle penchoit en arriere. Il faut pour régler cette direction, que, tandis que la semeuse tiendra les bras du brancard *élevés à sa portée*, quelqu'un s'écarte de quelques pas à main droite, pour juger au coup-d'œil, si la boîte est perpendiculaire, & ce point étant trouvé, lier la régle-droite avec un bout de ficelle sur la traverse du brancard, de peur qu'on ne la change par mégarde ou à dessein. On sent bien, que si l'on remplace la premiere semeuse par une autre de plus grande ou moindre taille, il faudra régler de nouveau la direction de la boîte.

Ce n'est que dans ce sens, que l'à-plomb est nécessaire ; la boîte peut pencher casuellement à droite ou à gauche, sans conséquence. Il convient même de l'incliner tant soit peu sur la gauche, pour diminuer une partie du poids qui se trouve nécessairement à main droite.

A l'égard des petites élevations peu notables qu'on rencontre quelques fois dans les plus belles plaines ; sans rien changer au Semoir, la semeuse aura l'attention de hausser un peu les bras du brancard *en montant* & de les baisser *en descendant* pour corriger, à peu-près, la petite pente casuelle que la boîte prendroit dans ces sortes d'occasions.

Sur la distribution du plus ou moins de semence.

On peut voir dans l'explication des Planches, qu'il y a trois rangs de Cellules sur le pourtour du Cylindre, dont un en contient 12, celui du milieu 24, & l'autre 18... Depuis quelque tems nous mettons 15, 24, 21, parcequ'il vaut mieux donner plus que moins de semence, comme il sera dit plus bas.

On peut, si l'on veut, laisser couler tous ces rangs de Cellules à la fois, ce qui communément consume la moitié de la semence qu'on emploie ici suivant la méthode vulgaire.. L'on peut, suivant l'explication de la *sixiéme Planche*, boucher tour-à-tour, tel des trois rangs qu'on voudra. Il seroit inutile d'entrer ici dans les combinaisons qu'on en peut faire pour donner plus ou moins de semence; chacun les trouvera suffisamment.

Autre moyen de donner plus ou moins de bled.

Ce moyen, dont on ne doit user qu'avec discrétion, consiste à faire pencher un peu (mais très-peu) la boîte en avant ou en arriere. Je suppose que quelqu'un aura remarqué par ses experiences (par exemple) que 30 cellules ne fournissent pas assez & que 36 donnent trop. On peut alors ouvrir 30 cellules & incliner tant soit peu la boîte sur le devant, ou bien en ouvrir 36 & l'incliner tant soit peu sur le derriere: on partagera par-là la différence entre 30 & 36, & ainsi des autres combinaisons. On peut se donner le plaisir de faire soi-même ces sortes d'épreuves, dans une salle ou une allée de jardin, en faisant parcourir au Semoir un petit espace déterminé, comme de six ou huit toises, & qu'à chaque changement l'on compte ou l'on pese, les grains de bled qui seront tombés dans la poche.

OBSERVATION.

Quoique les épreuves au *tiers* de la semence, soient généralement reconnues suffisantes pour égaler la récolte ordinaire, il convient qu'on en fasse aussi sur d'autres proportions, afin de connoître par une suite d'expériences, quelles seront les plus profitables. Par exemple, je voudrois qu'on essayât de mettre la *moitié*, (en ouvrant toutes les cellules). On n'épargneroit pas tant sur la semence; mais peut-être que le produit feroit fort au-dessus de la récolte ordinaire.

Sur le couvercle en particulier.

Le couvercle, lorsqu'il est fermé, porte tout à la fois, sur le manche du glissoir & sur le crochet du Regulateur. Sans cette pression ces pieces pourroient se soûlever par le balottement du Semoir, & le bled couleroit sans mesure. Il faut donc ne jamais pousser le Semoir (lorsque l'on seme) sans avoir fermé le couvercle.

Sur l'usage de la Regle-brisée.

Comme il ne faut pas que le bled tombe à terre, quand la Semeuse tourne au bout du champ, on a mis une poche sous la boîte pour le recevoir à point nommé. Quand on pousse la regle *en avant*, le bled tombe à terre, & quand on la tire *en arriere*, il tombe dans la poche. Voyez, si vous voulez, un plus grand détail, dans l'explication de la troisieme planche, art. 12. &c. Lorsqu'on s'apperçoit que la poche est chargée, on détourne le tourniquet qui retient son chassis, on le tire de sa coulisse & l'on en verse le bled dans le grainier.

Sur l'usage de la peau.

La peau, qu'on trouvera dans la boîte, appliquée sur le cylindre & chargée de dragées de plomb par le bas (dévelopée dans la figure 12) tient le bled assujetti dans les cellules déjà inclinées & l'empêche de partir trop tôt, dans le cas où la machine souffriroit quelque forte secousse.

Sur la préparation des champs à semer.

Nous n'exigeons pas d'autres cultures que celles qu'on est en usage de donner dans châque Pays : mais, autant qu'on le peut, il convient de faire un labour à la veille des semailles dans les terres que l'on présume s'être notablement endurcies depuis la derniere façon ; & de briser les mottes que ce labour soûlevera, afin que le grain trouve plus de facilité à déveloper son germe & à étendre ses foibles racines dans un terrein nouvellement remué.

Pour sentir tout l'avantage de ce labour préparatoire, lorsque la terre est notablement dure, il faut faire attention, qu'il reste entre *châques deux rayes*, que l'on fait pour semer, une espece *de noyau*, *de prisme triangulaire*, que le soc ne remue point, & dans lequel probablement les foibles racines du bled nouvellement germé, ne pourront pas pénétrer : mais quand, deux ou trois jours auparavant, cette terre a été labourée *en sens contraire*, il ne reste plus de noyau nuisible, tout est ameubli ou brisé.

La plûpart des Cultivateurs ne sentent pas assez le double inconvénient des mottes. Ce sont autant de portions de terre inutile, qui ne contribue pas plus à la production des plantes que des pierres d'un pareil volume, & les plantes qui ont le sort de prendre naissance sous ces masses incommodes, contractent, pour lever, une figure tortueuse qui n'est rien moins que favorable pour une bonne production.

Brise-Motte.

Ceux qui, à raison de leurs grands Domaines, n'auroient pas le courage de faire briser les mottes à coups de massues, pourroient y employer une sorte d'instrument très-expeditif, que nous avons vû dans l'*Isle de Camargue*, appartenant au proprietaire du n°. 15 de notre liste. C'est un gros rouleau de Chêne-blanc, qu'on appelle *Barrulaïre*, d'environ deux pieds de diametre & de 7 à 8 pieds de long. Il est armé d'un très-grand nombre de pointes de fer, de quatre à cinq pouces de longueur & de 6 à 7 lignes d'épaissſeur-quarrée contre le bois : & à 4 pouces de diſtance l'une de l'autre en tout ſens. On y attele deux Chevaux qui le font rouler d'un bout du champ à l'autre. Il n'eſt aucune motte d'une certaine groſſeur, qui ne ſoit éventrée par les pointes en queſtion & la preſſion du Rouleau acheve de les mettre en poudre.

Nous avons cependant remarqué quelques défauts dans cet inſtrument, qui nous ont fait naître l'idée d'un autre; que nous nous propoſons d'eſſayer & de rendre public, ſi le ſuccès répond à notre attente.

Sur la diviſion des Champs.

Quoique notre Semoir puiſſe être également employé à ſemer *en plein* ou en *planches alternatives*; cependant notre principal but a été de ſemer en plein, c. à. d. ſans aucun intervalle vuide reſervé à deſſein; parce que cette méthode étant celle de ces païs-ci, elle eſt plus conforme au goût de nos Laboureurs, qu'il n'eſt pas indifférent de conſulter, puis qu'ils ſont les principaux Acteurs dans les opérations de la Campagne.

Nous retranchons cependant, pour un plus grand bien, quelque choſe de leur maniere de diviſer les champs. Ils y tracent des lignes parallelles à 6 ou 8 pieds, plus ou moins de diſtance, pour régler le coup d'œil du ſemeur ordinaire. Ce coup-d'œil n'étant plus néceſſaire avec un inſtrument qui eſt réglé par lui-même, nous ſupprimons ces diviſions, pour labourer le champ tout de ſuite d'une raye à l'autre, & ſi l'on doit faire un ſemis de comparaiſon, nous partageons le champ en deux moitiés, pour en opérer une avec le Semoir & l'autre à la maniere ordinaire.

Remarquez que notre méthode, à cet égard, eſt doublement avantageuſe, par l'épargne du tems qu'on met à tracer ces diviſions préliminaires, & par l'emploi d'environ *un douzième* du champ, qui, ſuivant la méthode vulgaire, ne raporte rien, puiſqu'il ne reſte point de grains dans toutes les rayes qu'on laiſſe ouvertes. Vainement allegueroit on, que ces rayes ouvertes ſerviront un jour de guides aux Moiſſonneurs, puiſque dans la plus part des terres enſemencées, on les referme au moyen d'une planche qu'on y fait traîner, pour tâcher de couvrir une partie des grains qui paroiſſoient à découvert.

Sur les épreuves de comparaiſon.

S'il ne s'agiſſoit que de décider de la ſupériorité de la nouvelle méthode ſur l'ancienne en fait de ſemailles, il ſeroit aſſés inutile de faire des épreuves de comparaiſon. On pourroit s'en raporter à celles de ſon voiſin, ou bien au cri général de ceux qui en ont fait de pareilles ; mais il s'agit d'approprier la nouvelle méthode à ſes propres fonds & de s'aſſurer de la quantité de ſemence qu'ils peuvent nourrir, pour en tirer le plus grand avantage poſſible. Il convient donc la premiere année, de ſemer châque champ, partie avec le Semoir & partie ſuivant la methode vulgaire, pour pouvoir juger de la préférence que l'une mérite ſur l'autre, & pour ne pas jetter mal-à-propos ſur le compte de la nouvelle méthode, quelque mauvais ſuccès qui pourroit avoir une cauſe étrangere.

Pour cela l'on peſe ou l'on meſure deux parties ſéparées de ſemence, l'une pour le Semoir & l'autre pour être jettée à la main dans deux portions, d'un même champ, égales en étendue & l'on repeſe ce qui reſte de chacune. Dans ces ſortes de comparaiſons, il ne faut rien négliger : les moindres choſes y tirent à conſequence.

Enſuite l'on fera très-bien de comparer *le Semoir au*

Semo.r,

semoir, c'eſt-à-dire, de mettre par le moyen de cet inſtrument, plus & moins de ſemence dans deux ou trois parties d'un même champ, afin de connoître par une ſuite d'experiences, quelle proportion mérite la préférence ſur les autres. Il faudroit auſſi faire des eſſais ſur *le plus ou le moins de profondeur*, que peuvent demander les differentes ſortes de grains. Ce ſont-là des connoiſſances particulieres que châque cultivateur doit ſe procurer par des tentatives indiſpenſables & que perſonne ne peut ſuppléer pour autrui, à cauſe de la diverſité des terres.

Sur la marche de la Semeuſe.

Comme dans notre Semoir la chûte du bled eſt abſolument réglée ſur les révolutions de la roue, il eſt aiſé de ſe perſuader que la *viteſſe* ou la *lenteur* de la marche ne doivent rien changer à la régularité de la diſtribution. Arretez-vous, le coulage ceſſe: marchez, le bled coule dans l'inſtant: allez lentement, les cellules ſe ſuccedent avec lenteur: & ſi vous doublez le pas, le Semoir doublera la ſemence; cela eſt clair ſuivant la conſtruction de cet inſtrument, *ce qu'on ne trouve pas toujours également dans la plupart des autres machines deſtinées au même uſage.*

Cependant il eſt à propos de remarquer, que la Semeuſe doit *marcher* & non pas *courir*. Il eſt certain qu'une marche trop précipitée, & ſurtout habituelle, donneroit un peu moins de ſemence, les cellules n'ayant pas le tems de prendre en paſſant tout ce qu'elles peuvent contenir. Ajoutez y l'échauſement nuiſible qu'il en réſulteroit pour le frottement de la platine gauche dans l'excavation du Cylindre... Cette raiſon nous feroit déſaprouver la tentative d'un de nos Souſcripteurs qui a trouvé le moyen de faire ſervir le Semoir à *deux char-*

rues en même tems. Il est vrai qu'elles étoient traînées par des Bœufs dont l'allure est toujours lente.

Sur la qualité des Charrues.

Dans les Païs, où, pour cultiver les terres, on se sert de grosses charrues & à grands versoirs, qui creusent profondément, il convient d'en avoir de légeres, seulement pour les semailles: 1°. Parce qu'il resteroit de trop grands intervalles entre les rangées de froment; il n'y entreroit pas assés de Semence & par conséquent toutes les parties du terrein ne seroient pas mises à profit; 2°. Parce que le bled étant mieux couvert (avec le Semoir) dans des sillons de 6 pouces de profondeur, qu'il ne le seroit, suivant la méthode ordinaire, par des sillons d'un pied de creux, on aura la faculté de diviser les attelages à plusieurs colliers pour multiplier ceux de deux bêtes & même d'une; nous croyons que la distance entre les rangées de froment, doit être de *cinq à six pouces.* Ces intervalles, qui paroissent vaquans, sont mis utilement à contribution par les racines rampantes, & sont encore très-commodes pour arracher au printems les mauvaises herbes sans fouler les plantes utiles.

A l'égard des Païs où les sillons sont *bombés* à cause des eaux pluviales, il nous paroît, que le seul moyen, pour pouvoir y employer notre Semoir, seroit de les tenir un peu plus larges, ensorte qu'une charrue légere pût y ouvrir quatre ou cinq rayes entre les rigoles destinées à l'écoulement des eaux. Cette machine est si maniable, qu'avec un peu d'intelligence, chacun trouvera quelque moyen de l'accommoder à ses circonstances particulieres.

Sur la maniere de graisser le Semoir.

Le Semoir étant tout monté, il faut mettre quelque apui sous la boîte, pour que la roue ne porte pas à terre ; alors en regardant la boîte du côté de la roue, on y appercevra une piece raportée, qui tient par une agraffe de fer avec quatre vis. Il faut défaire les deux vis extérieures, sans toucher aux deux autres & tirer la piece hors de sa place. Cela étant fait, on trouvera dans le Cylindre une excavation circulaire ou *gorge*, garnie d'une lame de métal. C'est sur cette lame qu'on mettra du vieux oint de la grosseur d'un ou deux pois applatis, qu'on étendra avec le doigt & l'on remettra la piece de bois en place. La roue, en tournant, fera fondre cet engrais, lequel se glissant sur toute la superficie de cette lame, adoucira le frottement qui résulte de la pression du bois sur elle. On sent bien que, cette précaution ne devant être prise que lors du travail, ce seroit de notre part, l'anticiper mal-à-propos que d'en user avant l'envoi du Semoir. J'ai dit qu'il faut, pour cette opération, étayer le dessous de la boîte jusqu'à ce que la roue perde terre, afin que cette boîte ne se deplace pas, en baissant par son propre poids, tandis qu'on enlevera la piece de bois qui la soutient : on peut encore & avec plus d'aisance, graisser les deux bouts de l'essieu qui tournent dans les entailles du brancard, &c.

Sur les qualités de grains applicables au Semoir.

Tout le monde voudroit que notre Semoir pût servir pour toute sorte de grains, & nous le voudrions aussi ; mais nous reconnoissons que pour le *petit-milliet*, la graine de *luzerne*, de *navets*, & autres semblables, il faudroit en faire un exprès avec des cellules d'une beaucoup plus petite capacité. Celles qu'on trouve sur notre cylindre ordinaire, sont destinées pour le froment & l'on s'en sert pour toutes les semences qui ont du rapport avec celles-là, comme *Tou-*

zelle, *Seisette*, *Seigle*, &c. *M. Veront-duverger*, Secretaire perpetuel de la Société Royale d'Agriculture de la ville du Mans, nous marque par sa lettre du 10 février 1762, qu'il a semé du *froment*, du *seigle*, de l'*épaute*, de l'*orge d'hyver*, de l'*orge de mars*, & même *de l'avoine*, mais cette derniere espece n'a pas passé sans embarras, & l'on avoit ouvert tous les trois rangs de cellules... qu'il nous soit permis de proposer une idée qui nous est souvent venue dans l'esprit au sujet de l'*avoine* : nous croyons que si l'on se donnoit la peine d'en mettre dans un sac ordinaire, la moitié plus ou moins, de ce qu'il en pourroit contenir, & qu'après avoir attaché l'un des bouts du sac contre la muraille, l'on prst l'autre bout avec le main pour le secouer & l'agiter en tout sens ; nous croyons, dis-je, que les barbes se briseroient, & que l'avoine, ainsi dégagée de ses entraves, passeroit beaucoup mieux par notre Semoir. Au reste, comme tout y est à découvert, chacun peut se satisfaire en y essayant toutes sortes de semences pour connoître celles qui pourront y convenir.

Sur la maniere d'opérer.

Après ce que nous venons de dire sur la *préparation* & la *division* des champs, la premiere chose que doit faire le laboureur, c'est de marquer aux deux bouts de celui qu'on veut ensemencer, les deux espaces appellées vulgairement *cances*, dont la largeur doit être de 10 à 12 pieds, afin que le laboureur & la Semeuse ne s'embarrassent pas mutuellement à chaque fois qu'ils s'y trouvent ensemble. Il faut pour cela tirer deux lignes droites & sensibles, aux bouts desquelles on plantera des piquets pour pouvoir les ouvrir de nouveau quand on voudra semer ces *cances*. Nous appellerons l'une & l'autre de ces deux traces, *la ligne de séparation* pour abréger. Observez que dans tout le cours de cet opuſcule nous donnons indifféremment les noms de *Raye* & de *Sillon* à l'ouverture que fait la charrue dans la terre.

Cela étant ainſi diſpoſé, & le laboureur ayant ouvert un premier ſillon, la Semeuſe y place ſon Semoir, déjà réglé comme nous l'avons dit plus haut, & le pouſſe devant ſoi, la roue paſſant au fond : le laboureur vient après elle, ouvrant un ſecond ſillon, dont le verſement couvre le grain que la Semeuſe a mis dans le premier. Celle-ci, étant arrivée à la *ligne de ſéparation*, c. à. d. la roue y étant parvenue, met le brancard à terre ſur ſes deux pieds & *tire à ſoi* la regle-briſée pour mettre le bled en voie de tomber dans la poche, elle reprend ſa brouette & ſe met à l'écart, afin que le laboureur puiſſe finir ſa raye ſans embarras., car la Semeuſe doit être ſubordonnée au laboureur. Voilà la premiere partie de ſes attentions & voici la ſeconde.

Le laboureur ayant achevé ſa ſeconde raye, la Semeuſe y placera le Semoir comme auparavant, & la roue étant ſur la *ligne de ſéparation*, elle poſera la brouette à terre; *pouſſera* la regle-briſée pour mettre le grain en voie de tomber dans le ſillon, & reprendra ſa brouette pour aller ſon train juſques à l'autre *ligne de ſéparation*, où elle repetera la même manipulation avec laquelle elle ſera bientôt familiariſée... c'eſt ainſi que d'une raye à l'autre on enſemencera tout le champ ſans y laiſſer aucun vuide. Il faut ſeulement que la Semeuſe ouvre ſouvent le grainier pour s'aſſurer qu'il y reſte du grain, & ne pas attendre la fin pour y en remettre; car la faute de marcher ſans grains eſt d'autant plus irréparable qu'on ne peut s'en appercevoir que long tems après, lorſque la ſemence a levé.

Pour mettre le grenier à ſec.

Il ne conviendroit pas qu'il y eût du bled dans le

grainier, lorsqu'on aura du chemin à faire pour aller aux champs ou pour en revenir. Lors donc que la journée sera finie, s'il reste du grain dans le grainier, la Semeuse tirera la regle-brisée pour empêcher que le bled ne tombe à terre : ensuite, elle enlevera premierement le *glissoir*, puis le *Régulateur*, au moyen de quoi tout le reste du bled passera dans la poche, d'où l'on le remettra dans le sac d'approvisionnement.

Ce que nous venons de dire pour mettre le grainier à sec, sera une occasion journaliere de netoyer le Régulateur des immondices casuelles qui pourroient s'y ramasser. Remarquez que, si, par hazard le Régulateur étoit trop difficile à tirer, par gonflement ou autre cause étrangere, on peut le repousser par le bas, après avoir ôté la poche.

Précautions à prendre.

Lorsqu'on fera rouler le Semoir dans un chemin, &c. il faut disposer la planchette comme pour tourner au bout des champs, afin que la poussiere trouve moins de passage pour atteindre le cylindre... On doit éviter, tant qu'on pourra, de le rouler sur le pavé des Villes ou dans les chemins pierreux, parce que chaque chûte d'un caillou sur l'autre fait, sur la roue, la même impression que feroit un coup de marteau. Un quart de lieue sur le pavé lui est plus nuisible qu'une journée de travail.

Pendant l'hyver, on séparera le brancard d'avec la roue, pour tenir celle-ci dans un endroit sec, de peur que l'humidité ne fit gonfler le cylindre ; on doit pour la même raison la préserver de toute mouillure, comme, par exemple, de le rouler à travers un ruisseau où le cylindre pût tremper... On comprendra dans le nombre des précautions, celle de le graisser dont il est parlé plus haut, ainsi que de ne faire jamais reculer la machine, & de n'y mettre que du bled bien *mondé.*

Sur le peu d'apparence des Semis jusques au mois d'Avril.

La semence, plus enterée qu'à l'ordinaire, ne leve pas si-tôt, & se trouvant à son aise, elle employe le tems à former de grosses & nombreuses racines, ainsi qu'une tige proportionnée, laquelle ne poussera ses nombreux rejettons qu'au commencement du Printems, lorsque la douce chaleur de cette Reine des saisons mettra la seve en mouvement. Ce n'est donc qu'alors que les semis de notre méthode égalent ceux de comparaison, s'ils ne les surpassent pas.

Avis concernant les envois de Semoirs.

Le poids de cet instrument encaissé, avec celui des pieces du Brancard, liées ensemble en un paquet séparé, n'est que d'environ 75 livres poids de Montpellier. On peut le charger sur les Voitures roulantes ou sur une Bête à dos. Il en coûte de voiture d'Avignon à Lyon par les Coches d'eau 3 liv. 10 sols par les Rouliers 4 liv. 10 sols; jusqu'à Roane, 5 liv. 10; jusqu'à Châlons-Sur-Saône, 7 liv. 10 sols; jusqu'à Paris, 12 liv.; jusqu'à Aix ou Marseille 3 liv. de Villeneuve à Nimes 1 liv. 16 sols; à Montpellier 3 liv.; à Toulouse 6 liv. Il en coûteroit moins par le Canal. Cet instrument n'est sujet à aucun droit des Fermes. *MM. les Fermiers Généraux*, animés du même esprit que le Gouvernement pour la perfection de l'Agriculture, ont bien voulu exempter de tous leurs droits tous ceux de nos Semoirs qui seront munis d'un passavant du Bureau principal de Villeneuve-lès-Avignon.

L'adresse y est toujours à L'ABBÉ SOUMILLE. On doit affranchir le port des lettres & de l'argent.

AVIS FINAL.

NOus ne présumons pas assés de nos propres lumieres, ni même des réflexions qu'on nous a communiquées, pour nous flatter que notre Semoir soit exempt de toute imperfection. L'erreur est, pour ainsi dire, l'apanage de l'humanité. Nous voyons que l'on bâtit depuis la naissance du monde & que personne n'a fait encore un édifice qui soit à l'abri de tout reproche. Le bon esprit consiste donc à choisir entre plusieurs inconvéniens celui qui paroît le plus supportable ; quand on est à peu-près de bien, on doit s'y tenir.

Parmi les personnes qui voudront se donner la peine d'examiner à fond cette Machine, quelques-unes la trouveront passable ; d'autres croiront y entrevoir des défauts essentiels ; d'autres enfin se proposeront, en l'imitant, de corriger ce qu'elle peut avoir de contraire à leurs idées. A Dieu ne plaise que nous prétendions empêcher l'amélioration de cet instrument : nous souhaitons au contraire, très-sincerement, que quelqu'un plus capable que nous, y mette la derniere main, à l'avantage du public ; mais nous osons avancer, d'après six à sept ans d'une application suivie & d'après des essais sans nombre, nous osons, dis-je, avancer qu'il est dangereux de se livrer trop aisément aux vûës spécieuses d'une imagination féconde. On connoît bien l'avantage qu'on veut se procurer par le changement ou la suppression de telle ou telle piece, mais on ne prévoit pas toujours les nouveaux inconvéniens qui en résulteront. A la vûë de notre Semoir, les idées de correction se présenteront en foule ; chacun entreprendra d'y faire des changemens à son gré, sans se douter seulement que nous avons tenté nous-mêmes la plûpart de ces moyens : que nous en avons fait la dépense & que l'expérience nous a forcés de les abbandonner successivement les uns après les autres : on croira marcher à grands pas dans la route du vrai but, tandis qu'on ne suivra que le sentier oblique de nos premiers essais.

Au reste, comme il faudroit un gros volume pour rendre raison des motifs qui nous ont décidés pour la forme de chaque piece en particulier, nous ne citerons qu'un seul exemple qui nous dispensera de tout le reste.

Une observation qu'on nous a faite cent fois & qui paroît fondée, c'est que notre roue de fer étant fort mince, elle doit s'enfoncer notablement dans les terres molles & rendre l'opération difficile.

Nous avouons une partie de l'observation, sans aucune envie de nous corriger, parce que le remède nous paroît pire que le mal.

premierement, on ne peut pas nier que notre rouë de fer ne soit & plus solide & plus durable qu'une pareille de bois & c'est un premier avantage. En second lieu, ce qui fait enfoncer une rouë dans la terre, c'est, ou son propre poids ou celui qu'elle supporte & toute la machine étant ici fort légere, la rouë ne doit s'enfoncer que médiocrement dans une terre molle. Après tout, on ne seme pas dans la fange : il faut une certaine consistance pour que les bêtes & les hommes puissent agir ; & quand par supposition, la rouë s'enfonceroit de deux pouces, son diamétre de 33, la rend assés roulante, pour ne pas rendre l'opération impratiquable : d'ailleurs ces sortes de cas étant fort rares, ne font qu'un petit objet.

Mais un défaut insuportable qui résulteroit d'une rouë assés épaisse, pour ne pas s'enfonçer dans la terre-molle, c'est que cette rouë se chargeroit extrêmement & que le bled qui tomberoit sur cette terre molle, ainsi adhérente à la roue, s'y attacheroit & ne tomberoit pas à terre : au lieu que la terre ne peut pas *s'attacher* sur la circonference intérieure qui n'a que quatre lignes d'épaisseur, ou si elle s'attache aux côtés, la rouë en devenant épaisse, perdra par-là le défaut qu'on lui reproche.

Nous demandons maintenant si cette seule considération ne l'emporte pas sur toutes les autres qu'on pourroit alleguer ? Encore un exemple en deux mots. Chacun remarque que la machine pese plus sur la main droite que sur la gauche & chacun y cherche un reméde. Reméde inutile, qui sera pire que le mal. Voyez ce que nous disons plus haut, *sur la direction de la boîte* & dans l'explication.......

Il en est à peu-près de même de toutes les autres pieces qui composent la machine ; nous ne leur avons donné la forme qu'elles ont que sur de pressans motifs. On peut mieux faire que nous à certains égards ; nous le croyons, mais on peut faire pire & c'est une forte raison pour y penser meurement quand il s'agira du changement ou de la suppression de quelque piece essentielle.

EXPOSITION DES MOTIFS

qui font préférer le Semoir à la methode vulgaire.

Ces motifs, quelque pressans qu'ils soient pour un certain ordre de lecteurs & de cultivateurs éclairés, n'affectent encore que bien foiblement la plupart des gens de la campagne, accoutumés à n'encenser que l'idole de la routine. Nos peres, disent-ils, en savoient plus que nous : la maniere de semer à pleinesmains eſt auſſi ancienne que le monde : pourquoi courir après de nouveautés incertaines, tandis que nous avons & en grand nombre, des Laboureurs expérimentés qui ſavent jetter la ſemence avec toute la préciſion poſſible ?

Apologiſtes des Anciens, ſerions-nous tentés de répondre, que n'allez-vous comme ils alloient, *à la chaſſe avec des fleches & à l'Egliſe avec des prieres écrites à la main* ? La Poudre & l'Imprimerie ſont des nouveautés qui leur furent inconnues. Mais nous mettrons plus d'interêt dans notre réponſe en faiſant obſerver que le défaut de nos récoltes, vient bien moins du manque de dextérité de la part des ſemeurs que de l'inſuffiſance de la couverture que l'on donne aux grains. En effet, la ſemence étant jettée ſur le guéret, & la charrue venant à ſoulever la terre, il ſe fait de l'une & de l'autre un mélange irrégulier, un bouleverſement confus, d'où il ne peut réſulter qu'une opération très-défectueuſe.

De-là, beaucoup de grains qui demeurent à découvert, pour être la proie des oiſeaux & des fourmis ; beaucoup d'autres qui n'ont de couverture que ce qu'il en faut pour les cacher à nos yeux, une ligne, un doigt, un pouce : expoſés à l'intempérie des ſaiſons, ayant également à redouter, les gelées de l'hiver ; les chaleurs brulantes de l'Eté & la ſéchereſſe de preſque toute l'année ; dont les plantes, ſi elles ne périſſent pas, ne donneront qu'un épi languiſſant & du plus modique raport. Quelques-uns enfin, qui ſe trouvent comme par hazard ſous la *plus grande épaiſſeur* du verſement que fait la charrue, y fructifient aſſés bien & produiſent ce que nos récoltes ont de paſſable. On paſſe, il eſt vrai, un Traineau ſur ces terres enſemencées du jour, pour couvrir une partie des grains qui choquent la vûë ; mais ce palliatif, qui maſque quelques-uns de ces grains visibles, en découvre souvent d'autres totalement ou leur enleve, tout-aumoins, une portion de la terre qui auroit suffi à leur nutrition. Un autre inconvénient de la méthode vulgaire, c'est que tout morceau de terrein un peu creux, est doublement approvisionné de semence au préjudice des petites éminences voisines, sur lesquelles il n'en reste point ; inégalité d'autant plus nuisible qu'elle est plus générale & que les grains accumulés dans les basfonds dont nous venons de parler, s'y morfondent mutuellement faute d'être plus large.

Tels sont à peu près les défauts de cette routine chérie, dont on nous vante l'ancienneté & que le Semoir corrige tous d'une maniere avantageuse. Jettons nos regards dans un sillon ouvert de 6 à 7 pouces de profondeur ; voyons le bled du Semoir y couler avec mesure, pour en occuper le fond ; suivons la charrue, qui ouvrant un second sillon à côté du premier, le comble presqu'entierement, mettant sur la semence qu'il contient une couche de 5 à 6 pouces, partout égale, partout assurée & par-là-même très-propre à favoriser la végétation. Il regne dans le degré de profondeur où la Semence est consignée, une fraîcheur salutaire que deux ou trois pluyes par an sont capables d'entretenir. La gelée seroit bien rude, si elle portoit ses ravages jusqu'aux racines des plantes qui doivent y prendre naissance : les chaleurs de l'Eté ne se font sentir que foiblement sous une telle couverture : chaque grain particulier, se trouvant au large par les côtés, prolonge ses racines rampantes dans les intervalles vaquans pour y pomper les sucs nourriciers ; plus ils sont abbondans, ces sucs, rélativement au petit nombre de plantes, & plus les plantes prenent de force, non-seulement pour une tige principale, mais encore pour quantité de rejettons, qui poussant avec vigueur dans le mois de Mars ou d'Avril, supplément abondamment le vuide de la semence retranchée. Aussi voyons-nous que le verd-foncé de ces sortes de plantes, très-faciles à distinguer parmi d'autres de la méthode vulgaire, la grosseur des tiges, la longueur des épis, la qualité du grain, tout annonce une nourriture abbondante, qui ne provient que de la profondeur où la semence a été placée. Il résulte de-là, que tout porte suivant cette méthode & que par conséquent on peut retrancher la *moitié* & même les *deux-tiers* de la semence sans diminuer la récolte ordinaire. Le Semoir peut donc procurer & procure effectivement un bénéfice considerable, comme il conste par les expériences qu'on en a faites jusqu'ici & que le détail où nous venons d'entrer, doit rendre plus que probables.

Il est encore à remarquer que les plantes ordinaires, qui entrent peu dans la terre, sont sujettes à *verser* par les pluyes voisines de la moisson, parceque la terre étant alors détrempée & molle par conséquent, chaque tige agitée par le vent, élargit *sa chaussure* & n'a plus le même apui pour se relever, tandis que les nôtres, plus grosses & plus enfoncées, sont moins sujettes à s'ébranler & se soutiennent mieux, comme on l'a très-bien observé dans la VIIe. expérience ci-après. Il n'y a point ici de miracle, point de prestige; le Semoir n'est favorable à la production des grains que parce qu'il fournit un moyen assuré de *mettre la semence où elle doit être.* Ajoûtons que le notre y paroît plus propre que tout autre, parce qu'on y fait usage de la charruë ordinaire, dont le Laboureur dirige les opérations à son gré.

EXPERIENCES.

On se bornera ici à quelques épreuves particulieres, pour ne pas grossir un Cahier, qui communément s'envoie par la Poste. Elles appartiennent toutes aux deux Semoirs précédens : les expériences du troisiéme ne paroîtront qu'à la récolte prochaine. Nous ferons part au Public, de celles qu'on voudra bien nous communiquer port franc. On a choisi par préférence celles qui ont été faites dans des endroits éloignés les uns des autres, pour faire voir que cette méthode réussit également bien partout.

Petites Epreuves.

I.

M. de *Garipuy*, Directeur des travaux Publics, &c. pendant l'Automne de 1758, fit semer aux portes de Toulouse (avec le premier Semoir) dans deux planches égales & contiguës de 40 toises de long sur 3 de largeur.

Méthode ordinaire...21. livres.. produit 156 l. 4.
Nouvelle méthode..... 7. livres . . . . . 156 l. 4.

Voilà les *deux tiers* bien clairement épargnés : d'ailleurs le bled provenant du Semoir, avoit les tiges plus hautes, les épis plus longs, mieux grainés, & le froment étoit plus nourri.

I I.

M. *Boisset*, Receveur des Tailles de l'élection Montelimart, fit semer en 1758 dans des espaces égau.

Méth. ord... 4 mesures & demi .. prod. 20 me
Nouv. méth... 2 . . . . 20.

Il ajoûte dans sa lettre que ce premier Semoir ayant souffert quelques difficultés dans les opérations, il y avoit beaucoup de lacunes sans grains.

III.

M. *de Montferrier*, Syndic Général de la Province, a fait beaucoup d'expériences avec les deux premiers Semoirs : nous rapporterons la derniere, récoltée en 1760. il avoit fait semer dans des planches égales.

Meth. ord.... 236 liv... prod... 1160 liv.
Nouv. méth.. 77 . . . . 1221.

Remarquez que quoique 77 livres ne fassent pas bien le tiers de 236, cependant le produit a surpassé celui de comparaison, de 61 livres. Les deux portions de la paille ont été pesées séparément & trouvées égales.

IV.

M. *le Baron de Sournia* de Perpignan, ayant fait semer une *eiminate*, où le laboureur par mégarde n'employa que le *quart* de la semence ordinaire, le bled avoit si peu d'apparence jusques au mois d'avril, qu'il excitoit la risée des passans. Néanmoins à la moisson, la quantité des gerbes du Semoir a surpassé celles du champ de comparaison. Le bled n'étoit pas dépiqué à la date de sa lettre.

V.

M. le Chevalier *Duroure* d'Arles, à son mas en Camargue dans deux espaces égaux.

Méth. ord.... 258 liv.,.. prod... 2986.
Nouv. méth.. 82 . . . . 2837.

L'un a fait d'un 11 & demi, & l'autre d'un 34 & demi.

VI.

M. *Brun*, Avocat de la même Ville, & dans la même Isle de Camargue.

Méth. ord.... 168 liv.... prod.... 1160.
Nouv. méth... 34 . . . . 1049.

Ces deux épreuves n'ont pas entiérement égalé la

récolte ordinaire ; mais en voici la raison. C'est que dans l'une & dans l'autre l'on n'a pas employé *le tiers* de la semence ordinaire. Par exemple, ajoûtez à 82 liv. les 4 livres qui manquent pour faire *le tiers* de 258, vous trouverez qu'à 34 & demi pour un, elles auroient donné 138 liv. de plus ; & les deux récoltes auroient été à peu-près égales. Mais il y avoit d'ailleurs une faute considérable dans la partie du Semoir ; un grand vuide sans aucun grain par l'inattention du laboureur, sans quoi M. Duroure estime qu'il auroit eu quatre quintaux de plus.

Le bled de la seconde épreuve, étoit beaucoup plus beau sur pied que le bled de comparaison, & tous ceux qui l'ont vû, lui donnoient la préférence. Mais le maître étant absent quand on a dépiqué le bled de l'expérience, il vient naturellement dans l'idée, que le païsan qui en étoit chargé (ennemi-né des Semoirs) aura fait pencher la balance du côté de la méthode vulgaire.

ÉPREUVE EN GRAND.

VII.

M. *Fesquet*, Conseiller en la Cour des aydes à Montpellier, posséde un champ aux portes de la Ville, qu'il fait *porter tous les ans*, & où l'on jette 30 setiers de froment pour en recueillir, année commune, 150. Il fit usage du Semoir, l'année derniere, & n'y employa que 10 setiers, qui lui ont fait d'un *seize*, en ayant récolté 160. Il a donc profité de 20 setiers sur la semence & de 10 sur la production : le setier pese 100 livres. Il remarque lui même dans sa lettre du 28 juillet 176[illegible], que le bled de ce champ étoit mieux nourri que celui de ses autres terres ; & que tandis que les plantes de ces dernieres étoient *versées* ou *couchées* par la pluye, celles du Semoir s'étoient conservées parfaitement droites. Il finit par me commettre deux nouveaux Semoirs pour les semailles prochaines étant tout décidé à ne plus semer que suivant la nouvelle méthode, & que M. de *Montferrier* est dans la même résolution.

L'objet principal de la **Liste** *suivante (dont les* **Numeros** *sont gravés sur les Semoirs & que nous joignons à chaque envoi) est de fournir aux Acquereurs une occasion de se connoître mutuellement, afin que ceux qui sont voisins entre eux, ou en rélation avec d'autres, puissent se communiquer leurs observations & avancer par-là la grande affaire de l'Agriculture.* **Le** *second sera, dans la suite, de faire distinguer les copies des originaux, afin que les personnes qui voudront donner la préférence aux ouvrages de l'Auteur, ayent un moyen de s'en assurer. Enfin c'est un hommage public que nous rendons; c'est un tribut de reconnoissance que nous payons au zele des Amateurs qui veulent bien, par leurs bons exemples, concourir avec nous à la destruction du préjugé vulgaire. Les meilleures inventions seroient souvent perdues pour la société, si personne n'avoit le courage de les faire valoir.*

FAUTES A CORRIGER.

PAge 13. ligne 26. puisse nuire *lisez*, ne puisse nuire
p. 17. ligne 29. sur les bras, *lisez*, sous les bras
p. 19. lig. 5. qui tient *lisez*, qui lient
p. 33. lig. 27. figure 16. *lisez*, figure 15.
p. 34. lig. 5. du bas fig. 17. *lisez*, fig. 18.
p. 36. lig. 3. du bas toutes les proportions *lisez*, toutes ses proportions
p. 38. ligne 3. pour : lui *lisez*, pour lui :

LISTE

DES COMMISSIONS ENGAGE'ES

Pour le SÉMOIR-A-BRAS de l'ABBE' SOUMILLE, depuis le commencement de 1761 qu'il a été approuvé sous cette nouvelle forme par Nosseigneurs des Etats Généraux.

N°.

1. M. *de Montferrier, Syndic général de la Province.*
2. M. *le Marquis de Mirepoix, Baron des Etats.*
3. M. *l'Archevêque d'Alby.*
4. M. *l'Archevêque de Toulouse.*
5. M. *l'Evêque de Castres.*
6. M. *de Montcabrié, Syndic du Diocèse de Toulouse.*
7. M. *de la Viguierie, ancien Capitoul.*
8. M. *de la Michodiere, Intendant à Lyon.*
9. M. *le Comte des Salles Seig. de Vouthon en Barois.*
10. M. *le Duc de Montpezat à Avignon.*
11. M. *Giroud Imprimeur de Sa Sainteté à Avignon.*
12. M. *Bérage Négociant à Aix.*
13. M. *le Baron de Sournia à Perpignan.*
14. M. *Gaillard 1er. Professeur de l'Université à Valenc[illegible]*
15. M. *le Chevalier Duroure à Arles.*
16. M. *de Favantine, anc. Capit. de Caval. au Vig[illegible]*
17. M. *Marmier Commiss. prov. des Guerres à Montp[illegible]*
18. M. *le Baron de la Tour d'Aigues, Conseill[illegible] Parlement d'Aix.*
19. M. *Christol Capit. d'Infanterie Garde-côtes à B[illegible]*
20. M. *Amar de Francheleins premier Président à [illegible]*

E

21. M. Joufroy-Martenne Avocat d'Autun.
22. M. de Trudaine Conseiller d'Etat &c.
23. . Le même, seconde commission.
24. M. de Fontete Intendant à Caen.
25. M. de Villeraze Seigneur de Castelnau à Bésiers.
26. MM. les Elus Généraux de Bourgogne.
27. M. Mottet Receveur des Domaines du Roi à Valence.
28. Le R. P. Delmas Jesuite à Toulouse.
29. M. Tondard Bourgeois à Lalbenne en Dauphiné.
30. M. de Brussac à Rhodez en Rouergue.
31. M. Louis Salles de Bernis à Nîmes.
32. M. de Vaubonne anc. Off. d'Inf. en Comtat Venaissin.
33. M. Isnard Négociant à Lyon.
34. M. Lacombe Avocat de Lyon.
35. M. Maffre Seigneur des Onglous Diocèse d'Agde.
36. M. Dupoët Conseiller au Parlement d'Aix.
37. Le même, seconde commission.
38. La Societé Royale d'Agriculture de Limoges.
39. M. Saurel fils, Auditeur de la Ch. des C. à Bésiers.
40. M. le C. de Levenhaupt gr. Cr. de l'Or. pol. à Metz.
41. M. d'Aligny Seigneur de Cussy en Bourgogne.
42. M. le Chevalier d'Arbaud de Joucques à Aix.
43. M. Larcher Marquis d'Arcy Me. des Requêtes à Paris.
44. M. de Chenelette Trésorier de France à Lyon.
45. M. Michel Entrep. des Voitures des Sels à Avignon.
46. M. Pavin Receveur des Gabelles au Teil en Vivarais.
47. M. Dufau Docteur en Medecine à Dax.
48. M. le Comte de Quinson Seig. de Pondres à Avignon.
49. Le même, seconde commission.
50. M. Raymond Capitaine de Cavallerie à Agen.
51. M. de Germay à Auranville en Champagne.
52. M. le Marquis de Marmier en Champagne.
53. M. le Marquis Dessalles en Champagne.
54. M. le Marquis de Rennepont en Champagne.
55. M. de Servan Avocat général au Parlem. de Grenoble.

56. M. *de Rians Conseiller en la Cour des Comp. à Aix.*
57. M. *l'Evêque d'Alais.*
58. M. *Attanoux Curé de Roquebrune Diocèse de Frejus.*
59. M. *Reynaud ancien Commiss. de la Mar. à Villeneuve.*
60. M. *Palerne, Secr. perp. de la Soc. R. d'Agric. de Paris.*
61. M. *le Comte de Quinson, 3e. commission.*
62. M. *de Marin de Tarascon en Provence.*
63. M. *de Riverieux à Lyon.*
64. M. *Perron le cadet Négociant à Aix.*
65. M. *le Marquis de Benault-Lubieres à S. Remy.*
66. M. *Carenet Maître de Poste à Montpellier.*
67. *La Communauté de Meyrueis en Gevaudan.*
68. M. *de Montricoux premier Président à Montauban.*
69. M. *Gilibert Imprimeur du Roi à Valence.*
70. Madame *de Mailly à Narbonne.*
71. M. *Pellier Docteur en Médecine à Agde.*
72. M. *Mongirod, Asses. de la Maresc. à Lyon.*
73. M. *de Novi, Secretaire du Roi à Nîmes.*
74. M. *de Callas Directeur gén. des Fermes à Marseille.*
75. M. *Pellier 2e. commission.*
76. *Le même, 3e. commission.*
77. *Le même, 4e. commission.*
78. M. *Fesquet C. en la Cour des Aides à Montpellier.*
79. *Le même, 2e. commission.*
80. M. *de Montferrier, 2e. commission.*
81. M. *de Taulane Cap. des Vaiss. du Roi à Grasse.*
82. M. *de Flechier, ancien Offic. de Dragons en Comtat.*
83. M. *Duverger Secr. perp. de la Soc. R. d'Ag. au Mans.*
84. M. *Doé fils à Troyes en Champagne.*
85. M. *Nadal Proc. du Roi en la Sénéch. de Montpellier.*
86. M. *de Poncié anc. Conseil. d'hon. en la Sénéc. de Lyon.*
89. M. *le Baron de Montclar Proc. Gen. au Parl. d'Aix.*
88. M. *le Comte d'Arcussia, à Marseille.*
89. M. *le Marquis de St. Tropés à Aix.*
90. *le R. P. Massoutié Dominicain à Montpellier.*

91. *Le même, 2e. commiſſion.*
92. M. *de Fléchier, 2e. commiſſion pour Nîmes.*
93. MM. *les Benedictins de Rochefort Diocèſe d'Uſés.*
94. M. *le Chevalier de Lalauzière d'Arles.*
95. M. *Dareſte d'Eſcoſſieux à Lyon.*
96. M. *le Baron de Cabreins de Ros à Perpignan.*
97. M. *N*** en Limouſin.*
98. M. *le Marquis d'Amou, Lieut. de Roi à Bayonne.*
99. M. *Benoit, Maire de Valiguiere proche Uſés.*
100. M. *Joannon, Négociant à Châlons-ſur-Saône.*
101. M. *de Brignan à Avignon.*
102. M. *de Mazade, Tréſorier des Etats de Languedoc.*
103. M. *Dumas, Caiſſier de la Province.*
104. M. *le Marquis de Murviel, Baron des Etats.*
105. *Le Bureau d'Agriculture de S. Etienne.*
106. Mad. *la Comteſſe de Chaſſe à Ecully en Lyonnois.*
107. M. *Chaternet, anc. Primicier de l'Univerſité d'Avig.*
108. M. *Margaron de St. Veran, Secret. du Roi à Lyon.*
109. M. *de Villette Commandr. de l'Ord. Milit. à Paris.*
110. M. *Rigail l'aîné Négociant à Montauban.*
111. M. *de Coſſigny de l'Académie de Beſançon &c.*
112. M. *Faipoul ancien Bailli de Joinville.*
113. *l'Académie des ſciences, &c. de Beſançon.*
114. M. *Duc bourgeois à Montauban.*
115. M. *Dauriac de Jouarret Diocèſe de Narbonne.*
116. M. *d'Aſtanieres Maire de Pezenas.*
117. M. *le Marquis de Lauris C. au Parlement d'Aix.*
118. M. *Bertrand Aumônier du R. en ſon gouvern. de Foix.*
119. MM. *les Benedictins de Toulouſe.*
120. M. *de Buey-Champmelé, Secr. de l'Amb. de Ruſſie.*
121. M. *le C. de Raymond Commandant en Angoumois.*
122. *le Seminaire de St. Charles d'Avignon.*
123. M. *Périer, Tréſ. de Fr. à Beaurepaire en Dauphiné.*
124. M. *Barrety Secretaire du Roi à Lyon.*
125. *Le même, 2e. commiſſion.*
126. M. *d'Andrée de Viſan en Comtat Venaiſſin.*
127. M. *Deſendrieux à Montpellier.*

128. M. *de Dampierre*, *munit.. gen. des vivres à Paris.*
129. M. *Bertrand de St. Léonard à Toulouse.*
130. M. *le Marquis de Benault-Lubieres 2e. commission.*
131. M. *Imbert Secretaire du Roi à Lyon.*
132. M. *de la Guerche de Ruays près Pornic en Bretagne.*
133. M. *Jouve Bourgeois d'Avignon.*
134. M. *Dareste d'Escossieux*, *seconde commission.*
135. M. *de Foix*, *Marquis de Candale près St. Sever.*
136. M. *de Charritte Président à Mortier à Pau.*
137. M. *Guilloud Bourgeois à Lyon.*
138. } MM. *les Commissaires du Diocèse de Nîmes.*
139.
140.
141. M. *Agier Avocat à Aix.*
142. M. *Gueniveau de la Raye*, *Prés. à Montreuil-Bellay.*
143. M. *Pleney négociant à St. Chamont.*
144. M. *Lacabane*, *Dir. du Bur. R. d'Agri. à Brive.*
145. M. *le Marquis de Monclera à Toulouse.*
146. M. *Bernard Medecin en Graisivaudan.*
147. M. *Ginhoux Syndic du Diocese de Nîmes.*
148. M. *Desplans rue St. Firmin à Montpellier.*
149. M. *Pajot Intendant à Grenoble.*
150. M. *le Marq. de St. Tropès 2e. commission.*
151. *le même 3e. commission.*
152. M. *Chenavard bourgeois de Lyon.*
153. M. *de Lartigue*, *Chan. & Vic. Génér. à Dax.*
154. *le même 2e. commission.*
155. Mad. *de St. Seriez*, *Marq. de Montlaur.*
156. M. *Pieyre le Jeune*, *bourgeois de Nîmes.*
157. M. *Amielh Proc. du R. de l'Amirauté au Martigue*
158. MM. *les Benedictins de Rocheford*, *2e. commission*
159. M. *Serane*, *Curé de Mauguio*, *près Montpellier.*
160. M. *Jacques Reycend*, *Libraire à Turin.*
161. M. *D'Orbessan à Fanjaux*, *Diocèse de Mirepoix.*
162. M. *Leblanc*, *de Servane*, *Cons. au Parlement d'Aix*
163. M. *Fesquet*, *3e. Commission.*
164. M. *Duroure*, *2e. Commission.*

165. M. Brunet du Portail Sous-Ingénieur à Bourg-en-B[illegible]
166. M. Lafond Syndic du Gevaudan.
167. M. le Marquis de Villeneuve Baron des Etats.
168. M. Giraud Secretaire du Roi à Lyon.
169. M. Deydé Conſ. en la Cour des Aides á Montpellier.
170. M. Provanſal-Lompré à Ancelle en Dauphiné.
171. M. de la Font de la Mouſſiere à Lyon.
172. M. Donneaud Intéreſ. dans les aff. du R. à Gap.
173. M. de Gaufridi anc. Off. de Galeres à la Ciotat.
174. M. Jean Godefroi Bauer Libraire à Strasbourg.
175. M. le Marq. de Prunevaux Cap. de Cav. en Nivernois.
176. M. Morel Curé de la Bourgade à Aix.
177. Mad. la Marq. de Dolomieu à ſon Ch. en Dauphiné.
178. M. Buniot de Marſeille pour ſon ami en Hollande.
179. M. l'Abbé Davy de la Roche à Bain Dioc. de Rennes.
180. M. de Robin à Carpentras.

TABLE DES MATIERES.

Iere. SUITE D'EXPERIENCES,

FAITES AVEC LE SEMOIR-A-BRAS DE LANGUEDOC.

RÉCOLTE de 1762.

Résultats purement sommaires pour être envoyés par la Poste.

M. DARESTE (*n°. 95 de la Liste*) *suivant un certificat en forme, du 3 Juillet, signé par Mrs.* Goyran, Darnond & Verrier, *Curé & Consuls de Chavanay en Forêt; 48 livres de* Froment *lui en ont produit* 1230 : *c'est* 25 & *demi pour un. Il avoit employé la moitié de la semence ordinaire; il a pris un autre Semoir & m'en a fait débiter six.*

M. DUROURE (*n°.* 15) *suivant sa Lettre du* 11 *Août,* 238 *livres lui ont fait* 3240, *par une sécheresse de dix mois sans pluie; c'est plus de* 13 & *demi pour un. Dans la partie de comparaison,* 476 *liv. ont donné* 2593. *C'est un peu moins de* 5 & *demi pour un; il a pris un autre Semoir.*

Mrs. LES BENEDICTINS (93) *suivant la Lettre de Dom Lespès, du* 12 *Août, ayant employé la moitié de la semence, le Semoir a fait* 7 & *deux tiers pour un, & la comparaison* 3 & *demi, par une sécheresse inouie; ils ont pris un autre Semoir.*

M. de St. TROPE'S (89) *Nous avons appris le* 13 *Août, de la propre bouche de M. l'Abbé de S.* Tropès *son frere, que* 7 *Emines de Bled en ont produit* 157. *C'est* 22 & *demi pour un; on avoit employé la moitié de la semence: il a pris deux nouveaux Semoirs,*

M. DUVERGER (83) ayant bien voulu joindre à sa Lettre du 24 Août, la copie d'un Mémoire qu'il a lu dans une Assemblée de la Société du Mans, il en résulte qu'il a fait, avec une attention supérieure, sept épreuves en Froment, Seigle, Orge, Epaute, Avoine, &c. dans toutes lesquelles on a épargné environ les deux tiers de la semence & augmenté le produit, tant en pailles qu'en grains, dont la qualité l'emporte sur ceux de comparaison, soit au poids, soit à l'œil. Il y prouve que certains grains qu'on croit ne pouvoir être semés qu'en Hyver, peuvent l'être également au Printems, & que certains autres du Printems réussissent en Hyver. Il s'éleve aussi contre le préjugé où l'on est, que dans les terres fortes les Sillons bombés sont préférables aux Planches. Que n'avons-nous assez de place pour pouvoir donner ce Mémoire en entier !

M. de LA LAUZIERE (94) dans sa Lettre du 15 Septembre, nous marque avoir semé une charge de bled dans une terre peu préparée, & où les mottes dominoient, laquelle lui en a rendu quinze. Il n'a profité par comparaison, que de la moitié de la semence, sans diminution de récolte. Il a trouvé le moyen de connoître les besoins du Grainier sans ouvrir le couvercle : il pose un morceau de planche sur le Bled, tenant à un cordon qui pend au-dehors ; à mesure que le Bled baisse, le cordon rentre, & avertit la Semeuse qu'il faut remettre du Grain. Il a fait construire un second Semoir d'après le notre, où il a pratiqué quelques changemens qui ne nous sont pas assez connus pour en juger.

M. CARENET (66) Lettre du 23 Septembre. De quatre Setiers de Froment, il en a récolté 95, malgré la sécheresse, qu'il estime l'avoir frustré d'environ 60 Setiers de plus.

M. FESQUET (78 & 79) Lettre du 28 Septembre. De 5 Setiers en a retiré 100, & 14 Setiers & demi semés ailleurs ne lui en ont donné que 117, à cause de la sécheresse qui a diminué la récolte dans tout le Pays ; il a pris un troisiéme Semoir.

M. CHRISTOL (19) Lettre du 2 Octobre. Son Laboureur n'ayant pas assez serré les Sillons, il n'est tombé que la cinquiéme partie de la semence avec 42 Cellules ouvertes. Ce Semis a paru pitoyable jusques à la fin de Mars, que les

Plantes ayant tallé & travaillé vigoureusement, le Semoir a produit à la récolte 60 mesures de Bled, tandis que la piéce de comparaison, avec toute la semence, n'a rapporté que 66 mesures. Il est surprenant, qu'après une pareille faute, cet Officier ait encore eu deux mesures de bénéfice, puisqu'en ayant économisé 8 aux semailles, il n'en a perdu que 6 sur le produit. Il y avoit dix pouces entre les rangées de la semence.

M. de NOVY (73) Lettre du 4 Octobre. Avec les plus belles apparences d'une récolte avantageuse jusqu'au mesurage des grains, il n'a pas eu la satisfaction de connoître au vrai le bénéfice du Semoir, puisqu'ayant mené le matin quelques amis pour en être les témoins, il trouva que ses gens avoient malicieusement profité de la nuit pour mêler les deux récoltes ensemble. Il remarque, entre autres choses, qu'il faut semer la moitié & non le tiers de la semence, & qu'il y avoit moins de mauvaises herbes dans la partie du Semoir, que dans les terres semées à l'ordinaire.

M. ATTANOUX (58) Lettre du 4 Octobre. Cet Amateur intelligent a fait entrer différens essais dans le total de son expérience, pour connoître la quantité de Semence que son fond peut comporter & le degré de profondeur auquel il convient de la mettre. Ayant opéré dans une contenance de 2000 toises quarrées à 30, 36 & 42 cellules & à différentes profondeurs, il y a eu bien des lacunes tant par rapport aux deux premiers nombres, dont le produit étoit trop clair, que par rapport à la semence trop profonde qui n'a pas levé. Il n'y est entré que 100 livres de Froment, aulieu de 320 qu'il en est tombé dans les 2000 toises de comparaison. Les 100 du Semoir ont porté 3283 livres, & la piéce de comparaison n'a produit que sept charges pour une. Le bénéfice sur cette modique étendue a été de deux charges huit panaux sur la récolte, & de sept panaux sur la semence : total, 3 charge 5 panaux. Le Bled du Semoir pesoit 10 livres de plus par charge que celui de la methode ordinaire.

C'est pour la seconde fois qu'on remarque (comme M. Fesquet) que le Bled de la nouvelle méthode n'est pas sujet *à verser par les pluies.* **M. le Baron de la Tour-d'Aigue** (18) *avoit prévu cet avantage du Semoir-à-bras même avant toute expérience.*

M. Attanoux a fait une seconde épreuve qui lui a réussi. Il y a dans le Pays une sorte de terre sabloneuse qui ne porte que du **Seigle**: *la couverture avantageuse que le Semoir procure à la semence, lui ayant inspiré d'y semer du Froment, 2 panaux en ont produit 12 de la plus belle qualité. Il se dispose à semer une étendue de 16 mille toises, d'où probablement nous tirerons de nouvelles connoissances.*

M. de LUBIERES (65) *a fait prendre un autre Semoir. Quoique nous n'ayons pas encore le détail de ses opérations, on doit les croire favorables.*

AVIS.

En ouvrant toutes les Cellules, dans les Semoirs qui n'en ont que 54, il tombe communément la moitié de la semence ordinaire, pourvu qu'on ouvre *douze Rayes ou Sillons par toise ;* cette derniere attention est de la plus grande importance. Avec ceux de nos Semoirs qui ont 60 Cellules, on produira le même effet en ouvrant *tout* & faisant pencher la boîte un peu en arrière ; ou bien en fermant le rang de *quinze* & faisant pencher la boîte un peu en avant, le tout avec discretion. Voyez page 50, *sur la qualité des Charrues.*

Addition à l'article pour graisser le Semoir page 5[illegible]

Après avoir fait ce qui est marqué jusques au milieu de la 7e. ligne page 51, où l'on lit ces mots : *lame de Métal*, il faut observer ce qui suit. La lame de Métal dont il est parlé, est arretée par ses deux bouts avec quelques pointes dans une petite excavation. Si cette excavation n'étoit pas visible, on la découvrira en faisant tourner la roue avec la main, & c'est dans cette même excavation qu'on doit mettre le *vieux-oint* en quantité suffisante pour qu'une partie puisse être emportée & graisser tout le pourtour de la gorge, par la raison que le vieux-oint qu'on mettroit partout ailleurs, seroit bien-tôt entraîné dans cette excavation & ne produiroit plus aucun effet. Il convient de le graiser deux ou trois fois par semaine quand on le fait travailler.

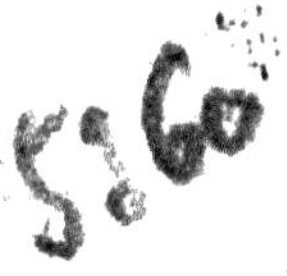

www.ingramcontent.com/pod-product-compliance
Ingram Content Group UK Ltd.
Pitfield, Milton Keynes, MK11 3LW, UK
UKHW020942180726
13838UKWH00003B/1084